人生如清茶，
细品方知味

世间所有的美好，都会如约而至

代安娜／著

南京出版传媒集团
南京出版社

图书在版编目（CIP）数据

世间所有的美好，都会如约而至 / 代安娜著. -- 南京 ：南京出版社，2016.11
（清茶）
ISBN 978-7-5533-1455-6

Ⅰ. ①世… Ⅱ. ①代… Ⅲ. ①人生哲学－通俗读物
Ⅳ. ①B821-49

中国版本图书馆CIP数据核字（2016）第180754号

书　　名：世间所有的美好，都会如约而至
作　　者：代安娜
出版发行：南京出版传媒集团　南京出版社
社　　址：南京市太平门街53号　**邮　　编：**210016
网　　址：http://www.njcbs.cn　**电子信箱：**njcbs1988@163.com
淘宝网店：http://njpress.taobao.com　**天猫网店：**http://njcbcmjtts.tmall.com
联系电话：025-83283893、83283864（营销）025-83112257（编务）

出 版 人：朱同芳
出 品 人：卢海鸣
责任编辑：许小彦
责任印制：杨福彬

策　　划：北京日知图书有限公司
印　　刷：北京艺堂印刷有限公司
开　　本：880毫米×1280毫米　1/32
印　　张：7
字　　数：140千字
版　　次：2016年11月第1版
印　　次：2017年1月第2次印刷
书　　号：ISBN 978-7-5533-1455-6
定　　价：28.00元

营销分类：励志

活出真实的自己

与美好的人生不期而遇，是每个人的梦想，但人生的道路上必然会经历欢乐与痛苦、幸福与磨难、平坦与坎坷，我们应该学会宽容与谅解。过分苛求完美，也许只会得到两败俱伤的结果。就像许多人穷其一生去追寻完美这道彩虹，却发现阴影无时无刻不在跟随。

曾有一个被劈去一小片的圆想要找回完整的自己，于是到处去寻找丢失的那块碎片。由于是不完整的，所以它滚动得很慢，从而有充裕的时间去领略沿途美丽的风景：盛开的鲜花，绿油油的小草，飘着朵朵白云的天空，清澈见底的湖泊……它和路边的鸟儿愉快地聊天，充分感受阳光的温暖。它找了很多不同的碎片，但都不是自己丢失的那一块，于是它坚持继续寻找。直到有一天，它终于实现自己的梦想，成了一个完美无缺的圆。可是由于滚动得太快，它错过了花开，忽略了小鸟，也忘记了季节的变化。一天，它突然意识到虽然做到了完美的自己，却错过了身边的风景，于是它舍弃了历尽千辛万苦才找回的碎片。

不要苛求完美，不要执拗地生活，只要你活出真实、快乐的自我，世间所有的美好，都会如约而至。

Contents 目录

Part 01

每天进步一点点，让你更有成就感

成功就是简单的事情重复着去做，

成功就是每天进步一点点。

每天笑容比昨天多一点点，

每天行动比昨天多一点点，

每天创新比昨天多一点点，

每天的效率比昨天高一点点……

假以时日，我们的明天与昨天相比，

将会有天壤之别。

Details

对一切都不要太在意

对一切都不要太在意，人生在世，不如意十之八九，只要内心充满阳光，快乐就会无处不在。少一些在意，就会多一些幸福。

老人们在巷子里纳凉时，展开的折扇上时常有这样一句话：人生不如意十之八九，唯有快乐在心头。他们似乎都知道：想要活得轻松快乐，对一切都不要太在意。

一天，小琳很意外地接到小艾的电话，邀请她周末去家里小聚。小艾是小琳从前在报社工作时的同事，那时候两人关系很好。后来，小艾嫁给一个富商，辞去工作，做起了全职太太，而小琳依旧朝九晚五地上着班，回到家还要照顾老人、孩子，生活根本没法跟小艾比。渐渐地，两人就疏远了。对于小艾的邀请，小琳有点意外。

见面后，小琳和小艾各自谈起了婚后的生活。小琳对小艾说：

“我非常羡慕你的生活，你是我认识的人中生活得最好的一个。”小艾听后，盯着小琳看了很久，“我有什么好羡慕的？老公一天到晚在外面忙生意，见一面都难，并且我们到现在连孩子也没有。哪像你，每天有老公疼、有孩子陪，我还羡慕你呢。”小琳不敢想象这样的话竟然出自看起来什么都不缺的小艾之口，她竟然羡慕自己的生活，还劝自己不要太看重物质生活，要珍惜和家人的每一天。想到自己经常抱怨老公不会赚钱、孩子不够听话、生活平淡，小琳陷入深思。如果对一切都不那么在意，生活的乐趣自然就凸显出来，阳光也自然会照进来。

对一切都不要太在意，挑剔会让人变得尖酸刻薄，使生活充满阴霾。宽容善良的人，因为眼睛明亮，总会看到比别人更美的风景，享受到比别人更幸福快乐的生活。

Details

生命需要平衡

人生就好像是大海，既有风平浪静的时候，也有惊涛拍岸的时候，不可能总是晴空万里。只有把握好生命的平衡，才能笑看每一次云起云落。

伊索寓言里说，长颈鹿很高，它们能吃到高高的枝头上的叶子，却走不进小矮人低低的房门；野山羊很矮，它们吃不到高挂在枝头的叶子，却能走进小矮人低低的房门。这，就是生命的平衡。

每个生命在或短或长的一生中都会有这种平衡，高和低、进和退、取和舍，都是必须，都是一定。懂得了这样的道理，才会懂得从容淡定。

萨班哲是土耳其的大富翁，土耳其到处都能看到与他有关的产业，比如，所有出现蓝底白字“SA”字母牌子的地方都是他家的置业，所有用“SA”字母为商标的东西都是他家的资产。来到土耳其，你会被满目的“SA”的标志所震撼，在这里，他的名字无人不知，无人不晓。然而，就是这样的一位首富，上天却没有眷顾他，他有两个孩子，一儿一女，都是残疾人。对于这件一般人都难以接受的事情，萨班哲有自己的看法，他深谙生命的平衡规律，就好像给你一样东西，就必然要从你这里夺走一样东西一样。因为明白这个道理，所以他并没有怨天尤人。

月有阴晴圆缺，人生又何尝不是这样？上天一边给了萨班哲巨额财富，一边又无情地夺走他儿女的健康。即使是这样，萨班哲并不悲观，而且显出对这种生命平衡的了解。

萨班哲很富有，这些财富除了能留给后代，还能做出更大的贡献。他在伊斯坦布尔修建了一座主题公园，主题便是“残疾人”。在这座主题公园里，所有器械都是专门为残疾人设计的。萨班哲似乎考虑到了所有方面，这样的爱，不仅能给予自己的孩子，还能给予和自己孩子一样的残疾人。

虽然富有，年逾七十的萨班哲对自己却很抠门。每天他只抽一支雪茄，上午、下午各半支；每天只小酌一杯威士忌，而且一定要在完成了一天的工作之后。可是到了用钱的时候，比如建残疾人主题公园，他却一掷千金，没有任何舍不得。在富有和贫穷之间，在健康和残疾之间，他似乎时刻都能找到生命的平衡点。

土耳其有一座博物馆是以萨班哲的名字命名的，博物馆的选址很特别，就在博斯普鲁斯海峡边，里面收藏了各种名画。这座博物馆曾经是萨班哲的一处私人宅院，萨班哲把它捐献出来，经过改建，成为现在的博物馆。整个博物馆里最有趣的要数其中一间陈列室，里面挂满了萨班哲珍藏的漫画。当年，他邀请来许多土耳其的漫画家，让他们展开想象的翅膀，随意画，越丑越好。于是就有了一屋子丑态百出的漫画，主角都是他。对着这些漫画，萨班哲仿佛看到了另外一个自己。

每个人的人生其实都维系着一种平衡，正是因为有了这种生命的平衡，我们才能享受到人生的美好。

哲意人生 Philosophic life

工作是一个橡胶球，你把它丢在地上，它还会弹回来。但是另外四个——家庭、健康、朋友和精神是玻璃球，如果你把其中任何一个丢在地上，他们将不可避免地被磨损、打上印痕，甚至支离破碎。他们永远都不会一样。你必须懂得那些，并且致力于你生活中的平衡。

我张开双臂，小心翼翼，
你见过比这还要胆战心惊
的事情吗？
这种时候，
平衡是我唯一关注的。

Details

苦难是人生的必修课

苦难是人生的必修课，苦难是人生的试金石，困苦过后，人生恢复了原本的光彩，焕发出无穷无尽的力量；洗礼过后，人生的脚步更稳，也更铿锵有力。

在一个人遭遇困苦的时候，生命之花往往会以新的形式重新绽放，因为苦难是人生的必修课，只有在这堂课上，你才能够看清“真相”，才能够发现“良机”。唯有那时，你才会探索内心，深入自省。在那样的时刻，只有两种选择：继续前行或者一蹶不振。

苹果电脑的CEO史蒂夫·乔布斯在斯坦福大学的毕业典礼上讲过这样一段话：让我能够做出人生重大抉择的办法就是——记住生命随时都可能结束。

乔布斯说，当初他被诊断出患有癌症，他还记得确切的时间：早上七点半。一次扫描检查结束后，结果显示出他的胰腺上长了个肿瘤。那时候，他甚至不知道什么叫作胰腺，可是医生的话却让他记忆犹新：几乎可以确诊，这是一种无法治愈的恶性肿瘤，你还有三至六个月的寿命。那时候，医生建议他回去以后，把身边的一切都安置好，其实也就是在暗示他要开始“准备后事”了。他心里很清楚，他要做的第一件事，就是把今后十年甚至二十年要和孩子们交代的事情在这几个月内嘱咐完，同时，要把周围的一切都安排妥当，尽量不去给家人制造麻烦，然后他就要去和大家诀别了。

那天一整天的时间里，乔布斯始终都在这家诊所，直到晚上，他还在做一组组织切片的检查，检查内容是这样的：用一个内窥镜通过他的喉咙再穿过他的肠胃直接伸入肠子，用针头在胰腺上生长肿瘤的地方取一些细胞组织。在麻醉剂的效用下，他并不知道发生了什么事情，之后陪在他身边的妻子告诉他，医生的反应出乎所有人的意料，看过显微镜里的细胞，医生大呼，原来这是一种少见的可以通过外科手术而除去的恶性肿瘤。

之后，乔布斯做了手术，又重新获得了健康。可是那一次宣判“死刑”的时候，他感觉到离死神是那么近。有了那一次的经历，乔布斯从此可以很勇敢地和别人谈论死亡。没有人愿意死，但是毋庸置疑，死是大家共同的归宿，没人能逃脱，因为没人能永生。可是，对于死亡的态度，却会在苦难结束之后，影响人的一生。

一切苦难到最后都会消失，旧的去了，新的再来，在不久的将来，新的也会变成旧的，循环往复。在面对苦难的时候，千万不要浪费时间，更不要按照别人的意愿去活，而是要跟着自己的感觉和勇气，你的直觉是怎样的，你想要成为怎样的人，你想以怎样的方式继续下去，在苦难以后，你将会收获些什么……这些，才是最重要的。

面对人生的苦难时，我们可以听从内心的声音，打破幻想，认清眼前的事实。人们在看不清事情本来面目的时候，就习惯于一厢情愿地沉浸在幻想中，而这样的幻想会让人沉沦，只有打破幻想，才能看清楚事实，重新认识自己的处境。要勇敢接受事实，只有接受事实，才能坦然以对。这是脚踏实地去解决困难的基础。苦难并不可怕，从接受的那一刻开始，你已经成功了一半。现实面前，人人平等，战胜苦难要倾听自己内心的声音，认清自己坚持的初衷，只有把眼前的一切看得清楚明白，才能多几分战胜困难的决心和勇气。苦难面前，但凡是有血有肉的人，都会觉得痛苦，所以，请释放出心中的痛苦，在恢复了平静之后，才能重新收获美好，看到眼前的希望之光。

给予是一种幸福

给予是一种幸福，不求回报的给予能涤荡人的心灵，幸福也会因为不断地付出而获得持久的芬芳。

有一家馒头店的老板每天都要蒸220个馒头，200个出售，20个接济穷人和孩子。他的生意一直都很好，常常是200个馒头刚出锅就被一抢而空。大家都劝他，另外20个也拿来卖算了，可是他从不同意。当他把那20个馒头送给穷人和孩子的时候，他的脸上绽放出异样的光彩，那种光彩叫作幸福。很多人都埋怨自己没有幸福，那是因为他们忘记了，在通往幸福的道路上有一站叫“给予”。

在物欲横流的世界里，在大多数人的眼中，他几乎一无所有。他没有收入，没有存款，没有房子和车子，甚至没有什么兴趣爱好。可是，尽管这样，还是有媒体称赞他为“当代英雄”。还有人这样称呼他——圣人布洛克。为什么？因为20多年来，他和他的团队在全球10多个国家免费为40多万穷人看病，他所提供的医疗服务，若以金钱来衡量，超过4000多万美元，像他这样的人，难道算不上是“当代英雄”和“圣人”吗？

他就是斯坦·布洛克，如今已经70多岁，绝对可以说是一位穷人。他在美国生活了几十年，但是却没有美国护照，他用1美元租来一所废弃的校舍，每天就睡在地板上，冰凉的地板和身体之间，只隔着一块薄薄的垫子。他吃简单的饭菜，用那种浇草坪的橡胶水管在院子里洗澡。他有一个伴侣，也是今生唯一的伴侣——一只12年前被他收留，如今已经失明了的流浪狗。

就是这样一个一贫如洗的人，竟然成为“当代英雄”，英国的《泰晤士报》更是尊称他为“圣人布洛克”。美国CBS（哥伦比亚广播公司）说他无疑是医保危机严重的美国的一根救命稻草。

布洛克创办了“偏远地区医疗志愿团”，在全球超过10个以上的国家免费为穷人提供医疗服务。他将自己开展的诊疗行为视为“远征”，因为每次都要出动大队的人马奔赴不同的地方，要运载医疗志愿者以及医疗器材等。

布洛克没有巨额财富，却一直在谱写着全球慈善行为的传奇，他是幸福的，因为他赢得了全世界人的尊重。

给予是一种幸福。佛说，积善因，得善果。而给予，就是在积善因，芬芳了众人，更让自己体会到了幸福。

小松鼠，
我竟然在林地里捡到了一颗橡子。
好东西要与好朋友分享，
我把它送给你吧。

Details

腾出一只手给别人

帮别人就是在帮自己，多行善就是在为自己多积德。人生的过程就是从一点一滴开始的，有善的积累，定会有善的收获。

“腾出一只手给卑微者吧，来赞扬他们；腾出一只手给狂妄者吧，来规劝他们；腾出一只手给奋斗者吧，来推进他们；腾出一只手给绝望者吧，来鼓励和拯救他们……”人生路上，若能腾出一只手给人，就能留下一条路给自己。

这是一次再寻常不过的下班路途，一位纽约商人将一枚硬币丢进了一个卖铅笔的小伙子的杯子里，刚要转身离开，突然意识到自己行为的不妥，于是从杯子里取出一支铅笔，然后微笑着说：“我们都是商人，你有东西要卖，我刚好有东西要买。”

一年后，纽约商人因为商品积压而头疼不已。一次交易会上，一位年轻人来到他的摊位前，“您可能已经忘了我，但是我无法忘记您。一年前，是您买了我一支铅笔，说我是个商人。”接着，年轻人毛遂自荐，帮助纽约商人把积压的商品推销了出去。纽约商人自己都没有想到，正是一次不经意的行为，却帮自己赢得了人生的转机。

意大利著名的古罗马斗兽场里曾经出现过千百次人兽搏斗的血腥场面，一旦人有丝毫失利，就会成为猛兽的美味大餐。就是在这个恐怖的场所，竟然也上演过一出饿狮子救人的传奇故事。

一天，在斗兽场里，一只已经饿了几天的狮子被放了出来，面对囚徒罗支莱斯。事实上，罗支莱斯一点儿也不想成为“勇士”，他蜷缩在墙角，颤抖地拎着长矛，唯有为自己默默祷告，除此以外再无他法。

狮子出来了，罗支莱斯更加紧张，他知道自己就要完蛋了。死到临头，他只希望狮子不至于把自己撕烂，最好给自己留一具全尸。狮子真的是饿疯了，它咆哮着，大吼一声之后就迫不及待地朝罗支莱斯扑了过来。罗支莱斯简直要吓死了，他闭上眼睛，胡乱挥舞着手中单薄的长矛。狮子轻巧地避开长矛，就在即将展开第二轮攻势的时候，却突然停止了进攻。它不再咆哮，围着罗支莱斯打转，并且边转边嗅。这个过程持续了好几分钟，之后，狮子突然卧倒在罗支莱斯身边，一下子变得温顺起来，舔舔他的手，又舔舔他的脚。

整个斗兽场陷入一片沉寂，全场观众紧张得连大气都不敢出。忽然，全场响起雷鸣般的掌声。罗马皇帝觉得既惊诧又好奇，于是将罗支莱斯叫到自己面前询问缘故。原来，一年前，罗支莱斯在路边发现了一只身受重伤的狮子，他把狮子抱回家，帮它包扎好伤口，并悉心照料，直到伤口痊愈。之后，罗支莱斯把狮子送回了森林。没想到斗兽场里的这只狮子竟然就是罗支莱斯照料过的那只。罗马皇帝听了罗支莱斯的回答，感动极了，立刻赦免了他。罗支赖斯因为救了狮子而重新获得了自由。

罗支莱斯之所以这么幸运，是因为他腾出了一只手，他播种了善因，所以收获了善果。

哲意人生 Philosophic life

一颗善心，胜似一座庙宇。善良决绝不是一件可有可无的华丽的衣裳，而是人人灵魂之盒中必须镶嵌的一颗钻石，在每一个时刻都能熠熠生光。行善而不求回报的人经常能够得到意料之外的回馈，善良之人经常造福于他人，实质上也是造福于自己。

Part 02

坦然面对人生，美好不再陌生

你无法决定醒来后窗外是晴还是雨，
爱你的人是否还能留在你的身边。
你此刻的坚持能换来什么，
但你能决定今天有没有带好雨伞，
有没有好好去爱以及是否足够努力。
今天努力做得，虽然辛苦，
但未来都会是礼物。

Details

用从容偿还生命银行的贷款

生活中已有太多繁杂琐碎的事情，若能做到从容面对，是不是就能多几分心情来享受灵动的生命呢？因为云的从容，从天而落的雨才会那样美丽；因为你的从容，生活的色彩才会更加缤纷。

有一首歌这样唱道：曾经在幽幽暗暗反反复复中追问，才知道平平淡淡从从容容才是真。生活中，从容两个字显得那样可贵，从容是一种气度，一种坚韧，更是一种风范，只有从容面对人生，才能在一切困难来临的时候临危不惧，才能在瞬息万变、充满诱惑的世界里安然若素。

面对人生，有人患得患失，有人杞人忧天，有人从容淡定。你会选择哪种人生？

他们是四个20岁的青年，一起去银行贷款。银行答应会借给每人一笔巨额款项，同时也提出了要求——50年内还清本息。

第一个青年这样想：我可以先玩25年，用剩下的25年努力工作偿还贷款。结果他到了70岁都一事无成，死的时候依然欠着银行的贷款。他的名字让人印象深刻——懒惰。

第二个青年这样想：我可以用前25年努力工作。于是他在45岁的时候还清了所有贷款，可是在那一天，他病倒了，很快就离开了人世。后人从他骨灰盒的小牌子上看到了他的名字——狂热。

第三个青年这样想：我一定要还贷款，直到贷款还完。后来他还完了，他的名字叫执着。

第四个青年没有想那么多，他工作了40年，在60岁的时候还清了全部债务。在生命的最后10年，他走遍全球，成为一个资深旅行家。70岁去世的那天，他面带微笑，大家都记住了他的名字——从容。

那个银行的名字就叫作“生命银行”，在生命面前，每个人选择以不同的姿态面对，所以得到的结果也全然不同。

何必自寻烦恼，从从容容才是睿智的活法。

14岁的时候，她从台南到了台北。她的个子不高，眼睛偏小，还有一点儿婴儿肥，一直穿黑色运动裤，在一所女子高中读书。每天放学，附近中学的男生会围在女中校门口，对每一个走过来的女生点评一番。“哇，她好肥！”“你看那眼睛，就像窗户的折扇坏掉了，怎么也打不开！”

她一直低着头走路，手里紧紧地抓着书包，总觉得学校门口这条路怎么那么长呢？不然就是她心理压力太大？总之，她无法从容。每天，上学都是她最有压力的一件事情，所以她总是扭捏着不要睁开眼，不要见到那些可恶的男生。她选择和那些比自己还要胖的女生一起走路，或者放学后迟迟不回家，要不就翻墙，反正面对校门的时候，她不那么淡定。然而有一天，当她翻墙跑出校门的时候，一个男生发现了她，并且顽皮地紧追不舍，一边跑一边起哄。她用尽全力往家跑，迎风流泪。

有一天，她问自己，是不是一生都要在这样"尖刀"一样的日子上行走。那时候，她做了一个决定。一周后，她和许多和她一样被嘲笑的女生一起站在男校门口，然后指着男生们加以评论，之后高兴地看着那些男生红着脸低着头地从她面前匆匆走过。这时，她感觉到一种前所未有的轻松与释然。可是时间久了，这样做便让人觉得无趣。她不再出现在男校门口，也不去评论别人，内心开始变得平静，虽然她不知道这种平静叫什么。好像是从那时候开始，她的青春才真正来临了，她觉得一切似乎都没那么糟。

后来，她长大了，掌管着一家规模不小的企业。她还是胖，但是她会笑着说自己是富态。她还是不那么美，但是她笑着说自己有气质。每当有员工对工作有所抱怨，她就会温和却十分坚决地说："逃避只会让压力更大，不如从容面对，做好工作以后轻松地去度假！"对于智者来说，一个决定足以改变一生。她就是从14岁那年开始知道，面对解决不了的事情，要从容，这是让自己减压的最好的方法。爬山的人就应该是一路风景一路歌，痛并快乐着，才是生活的本质。

Details

人生是条单行道

人生只有一次，是一条单行道，有过去的路，却没有回来的公车。所以，努力一步步走好，别让自己留有遗憾，这样才是对自己的决定负责，对自己的人生负责。

人只能活一次，既不能拿它跟前世相比，也不能在来生加以纠正。这就是人生，它是一条单行道，只能前进不许后退，也许路过痛苦，也许路过幸福，走过以后，一切都显得不再那么重要，因为走过的人都知道，眼前最重要的是下一站的旅程。

如果遇见幸福，请铭记当时的幸福感觉，并将这种美好转为积极的人生态度；如果遭遇不幸，请铭记这一刻的苦痛，并将这种记忆转为坚韧的品质，成为在抵御未来不幸时最有力的武器。未来的路还很长，请务必且行且珍惜，淡然处之。

一支登山队又开始挑战雪山，与以往不同的是这座雪山分外险峻，如果有一点儿闪失，队员就会有生命危险。

我们都在人生的路上奔跑，
可你要知道我是一只猪，
注定这条路有点儿不一样。
前方的路面蹋了，
你期望我像宫崎骏笔下的
飞天红猪侠一样成为飞行好手吗？

起初情况良好，可是突然间，队长的脚踩空了，他瞬间感觉到自己的身体在向下坠落。他想过在死亡前做最后的挣扎，或大呼一声。可是他知道只要自己一张嘴，队员就会受到惊吓，从而导致队员攀爬不稳，面临风险，并且很可能会和他一样掉下去。于是他紧咬牙关，强迫自己不发出一丁点儿声音。结果可想而知，队长悄无声息地坠入了万丈冰川。

这样惨烈的场面，只有一个队员目睹。看到队长坠落的那一刻，他本想大声惊叫，可是经验不允许他这样做，惊叫的后果无疑是吓到其他队员，给全队带来毁灭性的灾难。于是他像一个局外人一样忍着悲伤继续攀登，每一步，他都流下眼泪，眼泪滴在雪上，留下痕迹。

登顶成功，大家才发现队长不见了。目睹队长出事的那名队员这才沉重地说出了事实。大家一下子沉默了。

这是世界上最好的一支登山队伍，因为他们的队员可以如此坦然地面对自己的死亡，也能如此坦然地面对队友的死亡。他们最终登上的不仅是雪山，更是人性的顶峰。

在人生这条单行道上，坦然面对，才能走好下一步人生。很多时候，坦然不是置之不理，而是一种失意后的乐观。

老人退休了，在此以前，他一直很喜欢钓鱼，退了休，简直把挥渔竿当成人生中最快乐的事情。每天一大早就出门，经常到了傍晚才回来。通常情况下，他的鱼篓里都满满的，这样的时候，他就会哼着歌快乐地往家走。也有时候，一天一条鱼都钓不到，但是他还是很快乐，别人不解，就问他："奇怪，你钓到鱼快乐，可是像今天这样，忙活一天什么都没钓上来，你怎么还这么快乐呢？"

他坦然地回答："鱼咬不咬钩，不关我的事，但是快乐，却是我在意的事。"

一个睿智的老人，一种坦然的心态，他知道，人生就是一条单行道，快乐地度过每一天，才是人生真正的意义。

另一位老人，正坐在高速行驶的火车上，身边的小朋友调皮，将他刚买的新鞋子拿起来玩耍，一不小心，鞋子从窗口掉了一只。周围的人无不惋惜，可是老人接下来的举动更让人意外：他把剩下的那只鞋子拿起来，顺着窗户就抛了出去。大家都觉得奇怪，以为老人是生孩子的气了，谁知他笑着说："我没生气呀，你们想，我丢了一只鞋，这鞋肯定会被别人捡到吧，那人看到一只新鞋，该有多烦恼。现在，我扔了另一只，这样他说不定走着走着就捡到另外一只了，凑成了一对，这样也算成人之美。他一定会觉得很快乐。反而，对于我而言，剩下的一只鞋，不能看也不能穿，留着还会觉得纠结，它对我来说是没用的，没必要为它而苦恼，丢了它，反而快乐。"

人生中，失去固然可惜，但是对于已经失去的东西，没必要去留恋。人生是条单行道，遗憾、抱怨和悔恨并不能让人重回从前，这样做无疑是自寻烦恼。在坦然面对之后，就会发现，也许自己失去的东西能够成全别人，这未尝不是一种心灵上的安慰。

Details

一块橙色口香糖

人生的路很长很长，陪伴人一生的不只是喜悦和感动，还有困苦和磨难，无论是艰难还是困苦，都别忘了，生命之芽总会在某个时刻重新破土而出，重焕新生，而我们需要怀着一颗坦然的心面对，然后乐观积极地重新开始。

人生的路有千万条，苦难挫折在所难免，如果人生路上竟没能遭遇一块绊脚石，也会让人觉得可惜和遗憾吧。面对人生，除了坦然，我们还需要多给自己一次机会，铸就勇气的机会，让自己可以在失利之后重新开始。

重新开始其实并不难，但有所依托——乐观的精神，勇敢的心，用坚毅去面对挫折，用努力去战胜挫折，磨炼意志之后，方能成为人生中骁勇善战的将士。

小贺虽然坐在火车上，但是他并不知道火车的终点是哪里，他也不知道自己要去哪里，这些对他来说都不是问题，问题是，他必须逃避现在的生活，离开家乡，因为他那么辛苦组建起来的公司倒闭了，相恋多年的女友也离开了，最郁闷的是，在体检以后，他得知自己患有肾病……他曾经是那么的不可一世，甚至有些飞扬跋扈，可是现在，所有的骄傲在一瞬间坍塌，什么都没剩下。

在小贺的对面是一对母女。妈妈很年轻，脸上挂着淡淡的微笑。女儿差不多五六岁的样子，这年纪的小孩子，最是好动，所以她一直在这节车厢里来回穿梭，跑个不停，累了就回到妈妈这里，瞪着好奇的眼睛盯着小贺看，然后笑着说："叔叔好！"可是"叔叔"并不买账，他不想回复，也懒得回复。他这时候只觉得心乱如麻，是的，一团乱麻。

妈妈告诉小女儿，不准捣蛋，然后朝小贺充满歉意地微笑，对小贺说道："孩子还小，所以好动，请不要介意。她的眼睛不行了，视力正在一天天衰退，我看了很多医生，都说孩子没希望了，所以，得趁着她还能看见，多看看这个世界的样子，多记记。"

小贺的心里一顿，问："她以后怎么办？"

年轻妈妈回答道："以后再说以后吧，眼睛没了，不是还有手吗，还有耳朵呢，还有鼻子呢，日子，总能好好地过下去吧！"她温柔地看着正在跑闹的小女儿。

小贺的鼻子有些发酸，他盯着小女孩看，恰巧小女孩又跑累了，依偎在妈妈的身边，她手里举着不知道谁送的口香糖，然后快乐地大叫着："叔叔，叔叔，这个，可以吹好大的泡泡，给你！"

小贺掐灭手里的烟，接过口香糖。小女孩的目光充满期待，她盯着小贺将手里的口香糖糖纸剥开，然后放在嘴里。小女孩快乐地喊：“叔叔，吹泡泡！”

口香糖和舌尖接触的那一刻，一股肆无忌惮的甜味蔓延开来，他的嘴，他的喉咙，直到他的心。他慢慢地吹出一个泡泡，小女孩欢快地鼓掌，兴奋得手舞足蹈。小贺看到小女孩的样子，也由衷地笑了。

没多久火车到站，母女下车了，小女孩说再见离开的时候，也是一路蹦蹦跳跳的。小贺目送着母女走远，立刻买了一张返程车票。这一刻，他似乎悟出了什么，就算什么都没有了，他不是还有舌头吗？因为舌头在，他就能吃到口香糖，还能吐泡泡，这是多么美好的一件事情。

后来，小贺又“复活”了，公司开始重新运作，虽然规模和以前的比起来稍显逊色，但是发展势头可谓十分迅猛。除了工作，他把大量的时间都投入到体育锻炼上，他积极地锻炼身体，跑步啊，打乒乓球啊，游泳啊，没多久，身体就变得很棒，什么肾病，好像从来就和他没什么关系似的。还有，一个很优秀的女孩开始频频向小贺“暗送秋波”。他也在考虑自己的个人问题，同时还在考虑，怎么才能让自己的日子过得有声有色。

小贺回忆当初的那段经历，由衷地说：“要是当时我沉沦了，估计坟上的草都长得老高了！”他特别感激小女孩送给他的那块口香糖，其实，掀开生活的另一面，并没有想象中那么难。

Details

请坐在自己的对立面

人的一生总要遭遇各种各样的事情，塞翁失马，不见得是坏事，天上掉馅饼，不见得是好事，时常坐在自己的对立面看看自己，这样才能对一切坦然，不盲目。有了这份心情，人生才会过得有滋有味。

得意的时候，不妨回过头来想想当初的失意，这样，才能在人生面前坦然吧。很多时候，人们之所以沉迷，之所以激进，就是因为视角狭窄。若能坐在自己的对立面看看人生，就会甩开“狭隘”的枷锁，面对人生时，也多了几分难得的坦然。

坐在自己的对立面，这样才知道苦尽甘来；坐在自己的对立面，这样才知道否极泰来；坐在自己的对立面，才能更好地审视自己、认识自己，在此以后，从头开始新的活法。

11岁之前，安琪都是一个特别可爱的女孩，她像一个小天使，到处跑跳，把欢乐带给身边的每一个人。那时候，她问妈妈：“我真的是天使吗？”

妈妈笑着回答：“是的，你是上天赐给我们的礼物！”

11岁那年，安琪患上一种危及神经系统的疾病，非常严重，她从此不再能自如地行动。每天，她都待在床上，丝毫动弹不得，医生说，她已经没有了康复的可能，这辈子，也许都无法再走路，除非，她和常人比起来有超常的意志。

在旧金山的一家医院，安琪每天都会在这里做康复训练。训练的过程中，安琪表现出了顽强的意志，让医生们难以忘记。医生除了对她进行物理治疗，还对她进行精神治疗，精神治疗的时候，要求她假想自己可以自由行走。

精神疗法和物理疗法对于常人来说，都是一样的枯燥乏味，可是安琪却对精神疗法显出无比的兴趣，她一直顽强地坚持，她说：“我能看到另一个自己，健康的、可以大步跑跳的自己，现在的我，也是天使，但是是一个腿脚不那么灵活的天使。总有一天，我还会成为之前的我！”她对未来充满了信心。

这天，安琪像往常一样想象着自己的双腿可以大步前进了，就在这一刻，奇迹发生了，她的床动了，接着，她激动地大喊：“另一个我来了，我做到了！”

医院里的人都在惊叫，一些医疗器械纷纷倒在地上，很多玻璃都摔碎了。事实上，那一天发生了地震。可是大夫们并没有告诉安琪真相，他们想让她一直坐在自己的对立面，为自己加油打气。

这一天终于来临了，几年以后，安琪的腿又可以动了，她又回到了课堂上，成为一个更加快乐自信的小女孩。

站在自己的对立面，这是一种审视自己的最佳姿态，在对立面，可以给自我以安慰，给自我以鼓励，无论哪一种，都让生命焕发出新的色彩。

21岁那年，他只身从外地来到北京拜师学艺，可是他四处碰壁。后来，他和朋友成立了一个规模不大的俱乐部，靠在街头卖艺为生。

那时候，他住在北京的郊区，到市区要一个多小时的车程。为了省钱，他甚至连公交都舍不得坐，每天骑着自行车往来于偌大的北京，每次穿梭，都要花费四五个小时。可是即使如此，他从来没有耽误过一次演出或者学艺。

命运好像特别爱和这个孩子开玩笑，每一次失败，成功都显得更加遥远。一次，他在结束深夜练习之后骑车回家，刚骑了没多久，就发现自行车的链条掉了。大半夜的，街上没有一个人，公交车也没了，他身无分文，更别说搭车。可是第二天下午还有一场演出，怎么办好呢？他一咬牙，一跺脚，将自行车丢在马路边上，顶着夜色向远在郊区的出租屋走去。

当时正在下雨，绵绵的秋雨很快就打透他的衣服，也不知道走了多久，终于到家，头晕目眩的他一下栽在床上，滚烫的额头告诉他，他发烧了。他也知道，这样下去，第二天的演出非出事不可，于是硬撑着翻箱倒柜，掏出来一个传呼机拿到街上卖了10元钱，买了两个馒头和两包感冒药，就这样硬生生挺了过去。

我不是Angel（天使），
你也不是Devil（魔鬼），
你是另一个我，
我是另一个你。

第二天下午，他面色蜡黄，登台演出的时候，搭档吓了一大跳，问他怎么了，他笑着说出了昨天的遭遇。搭档的眼睛一下就湿润了，什么都没说，搀着他走上前台。

这个人就是郭德纲，如今，他早已经红遍大江南北，可是因为心里装着这些事，让他能够坐在自己的对立面，时刻鞭策自己，不骄不躁，平静之后再平静。这样，才能坦然面对生活，面对自己。

他说："小时候家里穷，没伞，所以一下雨我就顶着雨跑。现在有了伞，可是那时候的自己，我永远都会记得。"

站在自己的对立面，这是一种审视自己的最佳姿态，在对立面，可以给自我以安慰，给自我以鼓励，无论哪一种，都让生命焕发出新的色彩。

Details

淡是人生最深的滋味

做一个淡然的人，放慢生活的脚步，充实自己的内心，建立属于自己的精神家园。我们无法脱离物质世界，但是却能因为精神世界而活，守住那份难得的淡定，就不会让自己的内心流离失所。

人生长河中，不如意的事情很多很多，能够推心置腹与人言的，却不多。这样的时刻，若能超脱、看破，用淡然为自己换得一份内心清净，是智者的行径。昔日，寒山问拾得：世间有人谤我、欺我、辱我、笑我、轻我、贱我、骗我，如何处置乎？拾得回答：忍他、让他、由他、避他、耐他、敬他、不要理他，再过几年你且看他。这就是人生中的淡。

淡其实是最深的滋味，一个人在物欲横流的社会想要挣脱，很难。但是淡定，却能让内心平静下来，这样，才能细细品味生活的若干滋味。

当年，苏东坡落难，在最艰难的时刻，他在岸边写下了最好的诗句——“大江东去，浪淘尽，千古风流人物”……也是因为这诗句，他受到皇帝赏识。他是一个难得的才子，书法漂亮，华丽而且工整，他从来没想过，自己竟然也伤过别人。他得意的时候，别人恨他、怨他、嫉妒他；可是当他失意了，写出的字歪歪倒倒，却成了中国书法里响当当的极品。

为什么？因为书法里有“苦”味。人生境遇之苦。他知道，人生最苦的味道并不是年少气盛时的飞扬跋扈，而是在所有朋友都避你不见、你最卑微的时刻，在河边写出最美句子的时候。

原本，苏东坡只是一个翰林大学士，可是他一旦不再受宠，朋友就不再靠近他。唯一一个不怕受牵连的马梦德，为苏轼一家申请了一块荒地，于是苏轼从此安家落户，改名苏东坡。

东坡种田，东坡写诗，他开始觉得，为什么自己一定要在政治场里争来争去？如果可以，还不如在历史上留下一些优美诗句。于是，他开始写诗，而且是一生中最好的诗句。他的心情很好，他有米吃了，他有酒喝了，他“夜饮东坡醒复醉”，开始了深入灵魂的创作阶段。那些名句，皆来自于淡然的生活。

苏轼变成了苏东坡。他与从前不同了。那时候的他，开始欣赏不同的东西。比如，他跑去黄州的夜市，向人讨点酒喝。不巧碰到一个壮汉，面目狰狞，身纹刺青。那个人一下把他打倒在地，猖狂地说：“你是什么东西，竟然碰我，你也不打听打听我是谁！”壮汉并不认得苏东坡，可是倒在地上的苏东坡认识自己，他回家写信给马梦德，他很高兴成为现在的自己，他说："自喜渐不为人知。"他觉得，这时候的自己，到了生命中最了不起的阶段，从前，他想全天下人都认识他，可是，人们偏偏不买账，不给他好脸色。落难以后，他的生命开始百般包容，这是另一种状态。

最后，在尝遍酸甜苦辣咸等人生百味之后，他感觉到的是"淡"。因为只有所有的东西都体验过了，才知道那种淡的特别和精彩。就好像吃惯了大鱼大肉的人，一碗白菜稀饭或者一块豆腐，都能让他感受到那种能深刻影响他的最"淡"的滋味。

做官的时候，一直希望两袖清风，可是始终不见清风。当苏轼成了苏东坡，不再执意寻找那种清风，可是却在诗里看到了清风。

一切都因为"放下"，刚开始是被放下，后来是真的放下，放下的时候，才重新找回了自我，句子才能写得那么淡然、清新。

苏东坡最后明白，那些争名逐利的斗争，不过是虚空一场，所以才有"多情应笑我，早生华发"这样的感慨，他又重新回归，认识了自我。

这是一个美好的循环，无论是贫穷还是富有，从不会因为什么而改变，一种豁达的态度，一种淡淡的人生趣味，实属难能可贵。所以他说"回首向来萧瑟处，无风无雨也无晴。"回忆一生，心中很知足，那是心，很宽。

Details

接纳痛苦同样可以收获幸福

蚕为什么要作茧自缚？那是为了在痛苦过后放飞自己。古语云：蚌病成珠。痛苦磨炼人更能成就人，真正的强者从来不会因为痛苦而故步自封，不会因为厄运而一蹶不振，能够走出逆境，定会收获幸福，体验到生活最真的滋味。

是鲜花总有凋零的时刻，是小路总有弯曲的拐角，人只要活着，总会有痛苦伴随，就像玫瑰花上的刺，遇到花朵是我们的幸福，遇到刺则是我们的不幸。然而，若没有遭遇痛苦，人生便会苍白无力；若没有战胜痛苦，人生便难以学会征服。只有在痛苦过后，才能感受到人生的底蕴和繁纷。

弱者遇到痛苦会心烦意乱，失意无主，强者遇到痛苦会学会成熟，变得豁达洒脱。接纳痛苦和收获幸福并不矛盾，而是一种必然，因为痛苦是走向成功的试金石，也是人生一笔异常丰富的财富。

有一个人，他的一生经历了1009次的失败，可是他这样说：“我只要获得一次成功就够了。”

5岁的时候，他的父亲不幸病逝，父亲离开的时候，没有留下一点财产。母亲不得不出去做工，而幼小的他，也因为母亲的务工而不得不在家照顾弟妹。从很小的时候起，他就开始学着自己做饭。

12岁的时候，他的母亲改嫁。他跟着母亲到了一个完全陌生的环境里。继父是那么严厉，经常趁着母亲不在家而痛打他，没有温情，只有暴力。

14岁的时候，他离开了学校，正式开始了流浪的生活。

16岁的时候，他为了参加远征军而谎报年龄。在航行的途中，晕船严重，被提前遣送回家乡。

18岁的时候，他娶了老婆。这本来是一件非常令人幸福的事情，可是刚刚过了几个月，老婆就将家里所有的财产变卖，之后逃回娘家，不再回来。

20岁的时候，他工作换了又换，从电工到开渡轮，后来又成了铁路工人，可是没有一样干得顺利，他的人生看起来那么糟糕。

31岁的时候，他萌生了学习的念头，他自学法律，并且在朋友的鼓励下进入律师行业。有一次审理案件的时候，在法庭上的他对当事人大打出手。他的律师生涯宣布结束。

32岁的时候，他再次失业，生活过得十分艰难。

35岁的时候，厄运再次降临到他的身上。有天他开车路过一座大桥，不巧大桥的钢索突然断裂。他整个人连同车一起跌倒河里，他身受重伤，他再也不能做轮胎推销员了。

40岁的时候，他白手起家，在镇上开了一家加油站，可是因为广告牌砸中了竞争对手，一场纠纷展开。

61岁的时候，他竞选参议员，结果可想而知——失败。

65岁的时候，政府拆了他正开得红火的快餐店，这一举动使得他不得不低价售出全部设备。

66岁的时候，为了维持生计，他在小餐馆推销自己独特的炸鸡技术。

75岁的时候，他觉得自己力不从心了，于是转让了自己的品牌和专利。新主人说，给他1万股，作为购买价的一部分，他严词拒绝了，可是后来股票大涨，他就此和亿万富翁失之交臂。

83岁的时候，他又开了一家快餐店，可是因为商标注册的问题，与人打起官司。

88岁的时候，他终于成功了。全世界都知道了他的名字，他叫哈伦德·山德士，是肯德基的创始人。

人们总是抱怨不幸，可是他却告诉我们，接受命运的不公，同样可以收获幸福。

放下的勇气

在人生的大风浪中，
我们常常学船长的样子，
在狂风暴雨之下把笨重的货物扔掉，
以减轻船的重量。

一个富翁背着许多金银财宝到处去寻找快乐，可是他走遍了千山万水也未能找到，于是他沮丧地坐在山道旁。这时，一个农夫背着一大捆柴草从山上走下来。富翁便与农夫攀谈起来：“我是个令人羡慕的富翁，请问为何没有快乐呢？”

农夫放下沉甸甸的柴草，舒心地揩着汗水：“快乐也很简单，放下就是快乐呀！”

看着农夫那发自内心的微笑，富翁在羡慕之余也茅塞顿开：自己背负着沉重的珠宝，东躲西藏，怕别人要，怕被人抢，怕遭人暗算，整日忧心忡忡，快乐从何而来？

于是，他便用珠宝、钱物来接济穷人，专做善事，爱的雨露滋润了他的心灵，他从中体会到了快乐的甘甜。

其实我们很多人就像这个富翁一样，一边在努力追求轻松惬意的生活，一边却又在拼命追求身外之物。结果，快乐没有找到，反而让身外之物压得自己喘不过气来。许多人以为，金钱越多，地位越高，越受宠爱，快乐也就越多。但事实上，越是追求这些，快乐似乎离得越远。当你真的放下你所追求的，才能感受到来自心底最真实、最痛快淋漓的轻松。

放下，是一种生活的智慧。放下，是一门心灵的学问。放下压力，活得轻松；放下烦恼，活得幸福；放下抱怨，活得舒坦；放下犹豫，活得潇洒；放下狭隘，活得自在……

哲意人生 Philosophic life

放下是一种解脱、一种顿悟，放下是心态的选择，是生活的智慧。学会放下，压力、烦恼、敌人、痛苦等自会减少很多。坦然面对世事，提起来千斤重，放得下二两轻。学会放下，人生才精彩。

Details

你管别人怎么想

走自己的五环路，
让别人打车在三环上堵着吧。

美国的科学奇才费曼和他的妻子猫咪（费曼的第一任妻子艾琳的昵称）关系很好，他的妻子很开朗，总有玩不完的花招，令他们的生活充满情趣，朋友都视他们为典范。

费曼在普林斯顿工作时，有一天收到了一盒妻子寄来的铅笔，上面还印着金色的字："理查德亲亲！我爱你。猫咪。"

费曼心里流过一阵暖流，他非常喜欢这份礼物，简直有些爱不释手。但他又想："万一与人讨论问题或者不小心忘在桌子上被人看见，别人会怎么想呢？"他思来想去，还是不好意思用这些铅笔。可是，当时物资匮乏，费曼舍不得浪费，只好刮掉铅笔上的字再用。

没过多久，费曼又收到了一封妻子的来信。信的开头这样写

当美食尽在眼前，
你却想起别人对你身材的议论。
其实，别人挑剔的眼光真的重要吗？
你的胃口你做主。

道："你把铅笔上的字刮掉了吗？这算什么？你难道以拥有我的爱为耻吗？"下面用大写字体写着："你管别人怎么想！"

这段话让费曼很受震动。后来，他结合自己一生的经历写成了一本书，记述了他和妻子的感情、生活轶事和他自己在科学上的重大突破，书名就叫《你管别人怎么想》。

在我们的"轨道"内，坚持自己的原则，听从自己的心意行事即可，如果太在意别人怎么想，往往会自找麻烦。毕竟，你无法做一个人人都喜欢的"橘子"，别人爱吃香蕉，爱吃芒果，那不是你的过错。开心地接受自己，遵从自己的"心"，不必试图让每一个人都对你满意。

哲意人生 Philosophic life

别害怕独自上路，别让他人的无知、滑稽，成为阻止自己前行的理由。继续做那些我们内心深处认为正确的事，因为当我们全身心地与自身保持一致时，任何人和事都无法摆渡动摇我们。

耶稣与看门人

同一个人在不同的人眼里成了截然不同的两类，
有些事情对A来说是天降喜事，
对B来说却是晴天霹雳。
所谓彼之砒霜，吾之蜜糖。

北欧有一座著名的教堂，里面供奉着一尊真人大小的耶稣受难雕像，专程来这里祈祷、膜拜的人特别多。

教堂的一位看门人，看到被钉在十字架上的耶稣每天要倾听、满足这么多人的要求，他于心不忍，希望能帮耶稣分担一些。有一天，他祈祷时向耶稣表达了这份心意。意外地，他听到了一个声音："好啊！我下来为你看门，你上来钉在十字架上。但是，不论你看到什么、听到什么，都不可以说一句话。"看门人觉得这个要求很简单，于是答应了耶稣。

看门人像耶稣那样被钉在十字架上，静默不语，聆听信徒的心声，他们的祈求有合理的，有不合理的，千奇百怪，不一而足。但无论如何，他都依照约定，强忍着没有说话。

有一天，来了一位富商，他祈祷完竟然忘记拿手边的袋子。看门人看在眼里，真想把这位富商叫回来，但是他憋着没说。

接着，来了一位穷人，他祈求耶稣帮他渡过生活的难关。当要离去时，发现那位富商留下的袋子，打开一看里面全是钱，穷人高兴得不得了："耶稣真好，真是有求必应。"穷人万分感激地离开时，看门人真想告诉他这钱不是你的，但他仍然憋着没说。

后来，一位要出海远行的年轻人来祈求耶稣降福保他平安。正当他要离开时，富商冲了进来，抓住年轻人的衣领，要年轻人还钱，年轻人不明究竟，两人吵了起来。

这时，看门人终于忍不住开口说话了。他说出了他看到的事实，富商便去找捡了他钱的穷人，而年轻人则匆匆离去，生怕搭不上船。

这时，耶稣出现了，对看门人说："你下来吧！那个位置你没有资格上去。"

看门人很疑惑："我把真相说出来，难道不对吗？"

耶稣说："你看到的是事实吗？那位富商并不缺钱，他那袋钱不过是用来挥霍的，可是对穷人而言，却可以解决一家老小的生计。最可怜的是那位年轻人，如果富商一直缠下去，延误了他出海的时间，他还能保住一条命，而现在，他所搭乘的船正沉入海中。"

这个故事寓意深远，有的时候我们看到的事实、遇到的问题自有它的道理。如果执着于自己看到的那点事实，而没有把它放在一个全局里去考虑，往往会做出错误的判断。在现实工作与生活中，受经验、职位、视野所限，我们常认为自己的想法才是最好的，对别人的建议完全排斥，但这种过度的自信也是阻碍我们发展的因素。

事在人为，造化天定，我们相信目前我们所拥有的，不论顺境、逆境，都是对我们最好的安排，所以在顺境中要感恩，在逆境中依旧心存感激。

哲意人生 Philosophic life

生活像一壶酒，每个人都是自己生活的酿酒师。有人把生活酿成了苦酒，天天都在咀嚼自己的不幸，岁月的长河变成了无尽的苦海；有人把自己的生活酿成了美酒，天天都在品尝生活的甘露。

Details

如果你被击倒16次

成功的人也好，
成功的企业也好，
之所以成功，
一定是经历了比别人更多的挫折。
因为生活是一个概率的游戏，
栽的跟头越多，学的教训越多，
下一次出击会更漂亮，更有希望成功。

一位父亲很苦恼：他的儿子已经十五六岁了，可是一点男子汉气概都没有。他去拜访一位禅师，请他训练自己的孩子。禅师说："你把孩子留在我这里，3个月以后我一定可以把他训练成真正的男人。不过，在这3个月里你不可以来看他。"父亲同意了。

3个月后，父亲来接儿子。禅师安排孩子和一个空手道教练进行一场比赛，以展示这3个月的训练成果。

教练一出手，孩子便应声倒地。他站起来继续迎接挑战，但马上又被打倒，他又站了起来……就这样来来回回一共16次。

禅师问父亲："你觉得你孩子表现得够不够男子汉气概？"父亲说："我简直羞愧死了！想不到我送他来这里受训3个月，看到的结果是他这么不经打。"

禅师说："我很遗憾你只看到了表面的胜负。你有没有看到你儿子那种倒下去立刻又站起来的勇气和毅力？这才是真正的男子汉气概啊！"

只要站起来比倒下去多一次就是成功。职场竞赛不是短跑而是一场马拉松，所以比赛比的不只是爆发力和勇气，更重要的是韧性、坚持不放弃、拼搏到底活下去的勇气，虽然前者在某一个阶段会很重要。

职场中强调结果导向，无论是对我们个人而言，还是对一个团队、一家公司来说，成功就是每一天进步一点点，能够屡败屡战，只要在最后的对手倒下后依然屹立不倒就是胜利者。

Details

你在钓鱼，还是鱼在钓你

你想拥有光明的前途，
就该时时打开心窗看清自己的灵魂，
时时告诫自己：该做什么，不该做什么。

一位年轻人去河边钓鱼，他的旁边坐着一位垂钓的老人。奇怪的是，老人那边不停有鱼上钩，而年轻人一整天都没有收获。

年轻人终于沉不住气，上前问道："老人家，我们用的鱼饵一样，钓鱼的地方也一样，为什么您能轻易钓到鱼，而我一条都没钓到？"

老人从容地回答："小伙子，我钓鱼的时候，只知道有我，不知道有鱼。我不但手不动，眼不眨，连心也似乎静得没有跳动，让鱼都不知道我的存在，所以它们咬我的鱼饵。而你心里只想着鱼吃饵没有，眼也不停地盯着鱼，见鱼上钩，心又急躁，情绪不断变化，心情烦乱不安，鱼不让你吓走才怪，又怎么会钓到鱼呢？"

一个人能知道自己的短处，才会胜券在握；只看到别人的成就，而不知人家背后成功的原因，这就已经输了一半；若此时不知检讨，只懂嫉妒或自怨自艾，那就输定了。我们既要看到己之长、彼之短，也不能忽略己之短、彼之长，采取“知其然，又知其所以然”的追根究底行动，保持“兼容并蓄，博采众长”的精神。

“有同行没同利”，关键在乎心和力。相通的领域，相通的市场，不同的做法，不同的心态，就会有不同的业绩和结果。策略灵活，全力以赴，一定有好的结果。

往往我们刻意追求的时候就会距离目标越来越远，所谓“欲速则不达”就是这个道理。当我们能够把自己的心态放平和，成功也许就是水到渠成的事情了。

为什么成功只与自己有关系呢?

沈从文先生是20世纪非常有名的文学家，他21岁的时候到了北京，在西城区租了一个破房子写作，他不跟当时名气如日中天的作家比，就自己写。当他写到第五个年头的时候，他在日记里写道：“我已经相信我的文章在中国能够进前十名了。”每天闷头做自己的事情，当你一抬头，就会发现自己已经走到这个行业的前列了。很多人都是这样走过来的，你整天跟这个比，再跟那个比，最后你会发现你已经很难做出什么成绩了。

在这个浮躁的环境当中，只要我们静下心来，跟自己去比，不去过多关注别人如何看待自己，可能会创造出更大的成就。

孔子“讨饭记”

过分的执着就变质成了执拗，
过分的认真就挥发成了较真。

话说孔子东游，来到一个地方感觉腹中饥饿，就对弟子颜回说：“前面有一家饭馆，你去讨点饭来。”

颜回来到饭馆，说明来意。店主说：“要吃饭可以啊，不过我有个要求。”

颜回忙道：“什么要求？”

店主回答：“我写一字，你若认识，我就请你们师徒吃饭，若不认识，乱棍打出。”

颜回微微一笑：“主人家，我虽不才，可也跟随师傅多年，别说一字，就是一篇文章又有何难？”

店主也微微一笑：“先别夸口，认完再说。”说罢拿笔写了一个“真”字。

颜回哈哈大笑："主人家，你也太欺我颜回无能了，这是认真的'真'字。"

店主冷笑一声："哼，无知之徒竟敢冒充孔老夫子门生，来人，乱棍打出。"

颜回只得空手而回，见了老师说了经过，孔子微微一笑："看来他是要为师前去不可。"说罢，孔子来到店前，店主又写下一"真"字。孔子说："此字念'直八'。"店主笑道："果真是孔老夫子来到，请！"就这样，店主热情招待了孔子师徒。颜回不懂，问："老师，那字念'真'啊，什么时候变'直八'了？"孔子笑答："有时候，有的事认不得'真'啊！"

职场人应该有一个"糊涂"的过程。一开始，要睁大双眼看清楚事物的本质，抓住关键要素和主要环节，只要大的方向没有问题，其他不影响目标实现的要素，可以糊涂处之。在职场中也不见得所有的事情都是要认真的。认真不是较真，糊涂有时是大度的另外一种表现形式。

Part 03

宽恕别人就是善待自己，友谊的小船才不会翻

生活，就是心怀最大的善意在荆棘中穿行，

即使被刺伤，亦不改初衷。

人心如路，越计较，越窄；

越宽容，越宽。

不与君子计较，他会加倍奉还；

不与小人计较，他会拿你无招。

宽容，貌似是让别人，

实际是给自己的心开拓道路。

Details

糊涂是一种傻瓜精神

糊涂的人目光不够尖锐，糊涂的人也不那么挑剔，跟这样的人在一起，人人都会很轻松、很开心，并且到处都会洋溢一团和气。在糊涂的人的眼中，生活是幸福美满的，而我们想要得到的，不正是这样的人生吗？

古语道：大智若愚，大巧若拙。的确，看看那些非凡的智者，表现往往显得愚钝，那反而是人生的一种境界，能获得快乐和简单的生活。“傻”是一种美德，更能成为一种智慧。只有“傻瓜”，才会执着、努力；只有“傻瓜”，才不会去算计得失。让自己糊涂一些，这亦是一种“傻瓜精神”，因为糊涂，能获得简单和积极向上的人生态度。

生命何其短暂，世事何必处心积虑。糊涂的人，心中自是清醒，不然怎么装得下三分忍让、三分宽容、三分豁达。

小敏毕业那年，像很多求职者一样，在网上到处投简历，终于有一家公司给了她回应。可是当她怀着无比激动的心情去面试的时候，发现那家公司大厅里有五十多人和她一样怀揣着大学毕业证书以及各种荣誉奖状站在那里等候。竞争激烈的程度可以想象，小敏好不容易通过了初试和口试，杀进最后一轮考核——在人力资源部当实习生，为期三天。

部长让小敏把公司去年的文件收拾归类，并且在计算机里录入存档。起初她做得还算顺利，但是刚过了一天，就在快下班的时候，传来了坏消息：总公司停止招聘新人。

所有正在实习的新人都很不满，纷纷跑到部长办公室去诉苦，部长好不容易在下班以前把大家都送了出去，转身一看，发现小敏还在那一堆文件里忙碌着，于是走到她跟前说："真是对不起，让你这么辛苦地忙活着，没办法，这是总公司的决定，回家吧，明天不用来了！"

小敏站起来说："可是，这些我都弄了一半了，要是别人再接手这些，肯定不好弄完，再说，活儿没干完我心里也不踏实啊……要不我明天再来一趟吧，估计一上午就差不多了！"

其他人听到小敏的话，都骂她缺心眼儿，白白出力还不给工资，倒不如赶紧去其他公司应聘。小敏只是笑，什么都没说。

第二天小敏离开公司的时候，桌子上放着一排排装订整理好的文件夹，计算机里也都做了备份。

之后的两个月里，小敏的面试都石沉大海，小敏心情很低落。恰巧在这个时候，部长打来电话，说公司现在缺人，想重新招聘她回去工作。原来，部长在和总公司经理陈述招聘工作的时候，她对这个具有“傻瓜精神”的求职者印象颇为深刻，所以特地为她争取了机会，总公司经理也对这个女生充满好奇，就这样，公司又把小敏招了回去。她正式成为这家公司的员工，心里无比欢喜。

是什么让当初被大家嘲讽的小敏笑到了最后，是傻瓜精神。正是这种不计较的精神，让她在激烈的竞争中脱颖而出，成为职场上的胜利者。

哲意人生 Philosophic life

人生一世，糊涂难得，难得糊涂。活得过于清醒的人，反倒是糊涂的；活得糊涂的人，其实才是清醒的。糊涂一点，才会有大气度，才会有宽容之心，才能平静地看待世间的纷纷扰扰；糊涂一点，才能超越世俗功利，善待世间一切，身居闹市而心怀宁静。

Details

人就这么一辈子

人就这么一辈子，想不开的时候就想想这句话，时刻怀揣一颗感恩的心对待周遭的一切。无论怎样，你要相信你都是最幸运的那个，“江湖恩怨”在这个过程中显得不再那么重要，重要的是你正在如何享受人生。

人只活一次，就这么一辈子，这话听起来有点消极，但是如果你用积极的心去聆听，它就是积极的。人就这么一辈子，所以软弱的时候要让自己变得勇敢，骄傲的时候要让自己变得谦逊，颓废的时候要让自己积极起来，做一个拿得起放得下的人，凡事不斤斤计较，这样不是挺好吗？

人就这么一辈子，没时间去争抢，没时间去苦恼，没时间去加深恩怨，想到这些，是不是什么心结都解开了？人就这么一辈子，你有多少时间是在为自己而活？有多少时间是在让自己过得快乐？何其珍贵的一辈子，一定要好好把握！

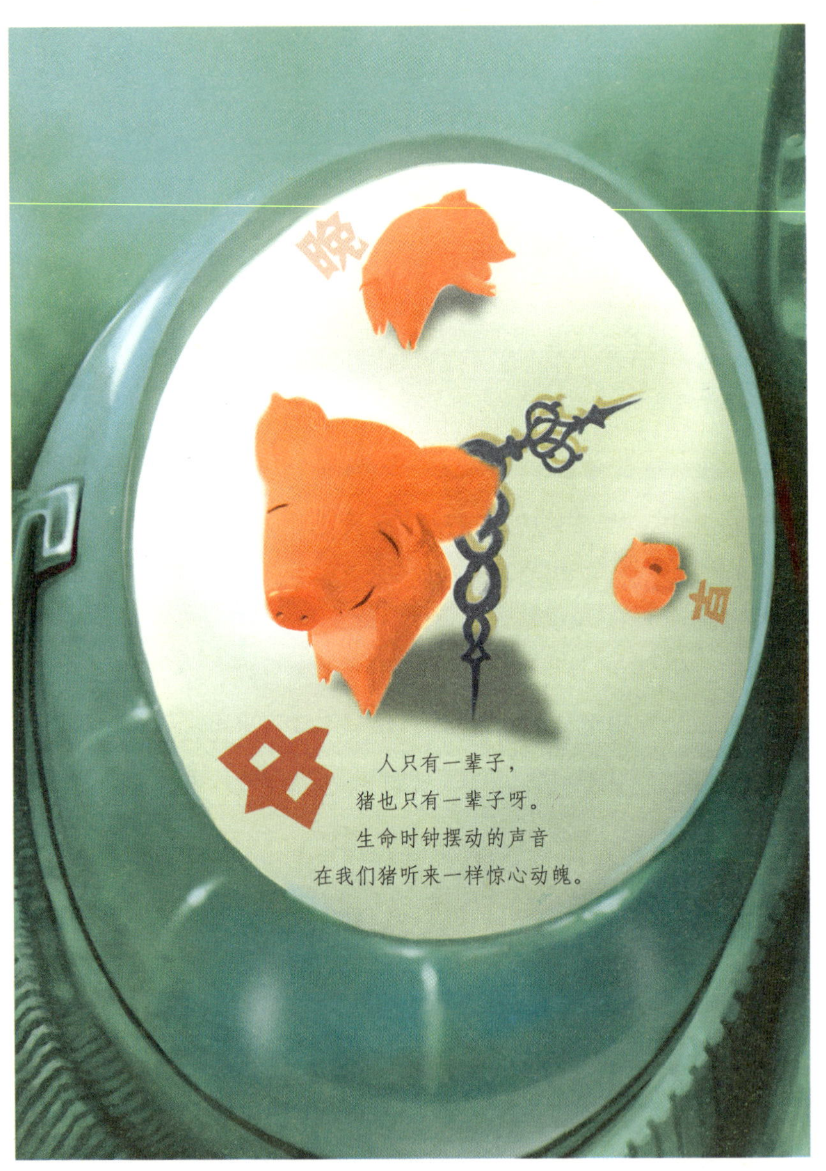
晚
人只有一辈子，
猪也只有一辈子呀。
生命时钟摆动的声音
在我们猪听来一样惊心动魄。

法国大文豪卢梭年轻的时候爱上了大自己11岁的费尔松小姐，被她的清纯和美丽深深吸引，费尔松小姐也喜欢他，于是两个人陷入了轰轰烈烈的爱情。

没过多久，卢梭发现了费尔松的秘密。原来费尔松和卢梭在一起只是为了刺激她正在暗恋的男人。卢梭脆弱的心灵受到了极大的伤害，他默默发誓要离这个女人远远的，再也不见她。

20年匆匆而过，这时候的卢梭已经声名在外。他回到家乡，遇到了费尔松小姐。她看起来很憔悴，神色黯淡，衣着也非常寒酸，完全没有昔日的风采。如果换成别人，一定会走上前去旧事重提，或者嘲笑，目的是让对方后悔，甚至无地自容，毕竟这是多么难得的复仇机会啊。哪怕只是走过去打个招呼，也会让对方觉得颜面无存。可是卢梭选择了转身离开，他觉得过去的就过去了，和一个40多岁的女人翻旧账实在没什么意思。他就是这样一个宽容的人，因为宽容，他的人生中充满轻松和乐趣。在他看来，宽容就像是一双灵巧的手，能打开任何因时间和伤痛系成的死结。

过去的就让它过去，这种豁达的态度、这颗包容的心实在是难能可贵。

哥几个相约一起去老三家看球，男人在一起看球总是离不了烟酒，老三抽烟尤其厉害。直到比赛结束，大家才发现不知不觉中他们已经抽了三包烟。老三的老婆一直陪着他们，可是她什么都没说，只是站起来打开窗户，让空气流通。大家都觉得奇怪，就问她：“你怎么不管管老三让他不要抽烟呢？”老三的老婆微微一笑："我也知道吸烟不好，可是如果抽烟他能觉得快乐，我干吗要阻止？我宁愿让老三快快乐乐地活到60岁，也不想他心不甘情不愿地活到80岁，毕竟钱买不来快乐。"两年以后，再看到老三，他已经戒烟了。大家觉得奇怪，老三这样说："老婆能为我的快乐着想，我怎么忍心提前20年离开她？"

人就这么一辈子，你能替我考虑，我为什么就不能替你考虑呢？你乐、我乐、大家乐，成就幸福快乐的人生。

哲意人生 Philosophic life

人就这么一辈子，这七个字说来容易，听来简单，想起来却很深沉；它能使我在懦弱时变得勇敢，骄矜时变得谦虚，颓废时变得积极，痛苦时变得欢愉，对任何事拿得起也放得下。

Details

给自己一份好心情

好心情贵在体会，世间百态，物欲横流中，不为攀比所累；洞察自我，了解内心时，不会有所怀疑。一份好的心情即是人生最大的财富，因为豁达，世界对着你微笑；因为宽容，生活对着你微笑。

想拥有一份好心情，说难不难，说简单也不简单。要在品质、人格和道德修养上综合考核，后天努力也尤为重要，比如，顿悟的能力，对生活的态度，处事的态度。可以肯定地说，若能守住内心，拥有一颗沉稳、广博、宽大的心，就一定会收获一份好的心情。

公司里的人都不喜欢约翰，大家觉得他是一个让人头痛的人。比如上一次，他明明看到仓库大门没锁，却没把门顺手带上，而是告诉了老板。老板大发雷霆，打电话给山姆，说如果他不能立刻回来锁门，第二天就不用来上班了。还有一次，约翰给办公室发回的传真上写着一连串“赶快、赶快、赶快”的字眼，可是其他时候他是做事情最拖拉的。似乎约翰从来不会做错事情，因为错误都有别人扛着。

这天午休，凯瑟琳带来一个大芒果，她一个人吃不完，于是分给约翰一大半，而且是果肉多的一半。约翰看了一眼，说：“我吃芒果要削皮的，而且要切小块。”凯瑟琳愣了半天才反应过来，气不打一处来，刚想发作，又想道：“这不正是考验我的时候吗？干吗要和他斤斤计较呢？你对我不好，我变本加厉，那人和人之间还能相处吗？肯定越来越紧张。我每天在这里工作8小时，总不能以后都不见了吧？不能因为这样的事情就闹情绪，也许他也正气着呢，所以我应该试着理解他。”

过了一会儿，凯瑟琳将芒果切成整整齐齐的小块，完全符合约翰的要求。

看到芒果，约翰欲言又止，眼里充满惊讶，脸上写满感动。

第二天，约翰送了一盒果仁巧克力送给凯瑟琳。凯瑟琳开心地分给同事，特地说明：“是约翰送给大家的哦！”此时此刻，约翰感动得不知说什么才好。

后来，约翰变了很多。从这件事情中，凯瑟琳意识到恶意只会让事情无法收拾，而善意的力量、宽容的力量却大得出乎意料。也许每个人都在等待一个契机，宽容别人或者被别人宽容，这样才能收获一份真正的好心情。

凡事不去计较，坦然面对得失，用包容的心态去面对人生，好心情才会时刻伴随左右。

洛基在一家酒吧里吹萨克斯，虽然收入不高，但是他总是一副乐呵呵的样子。大家都不知道他为什么这么乐观，他说："我心胸宽广所以有一份好心情。"

洛基喜欢车，可是他收入微薄，买不起车，每当和朋友在一起，他都会感慨："要是我有一辆车就好了。"他的眼神中充满向往，逗得朋友发笑，朋友说："那你去买一张彩票吧，中奖了就有车了！"

洛基用两美元换得一张彩票，竟然真的中了大奖。洛基终于如愿了，他用全部奖金买了一辆车，每天人们总能看到他开车兜风，美滋滋地吹着口哨，行驶在林荫路上，车也被擦得一尘不染。

然而不幸发生了。一天，洛基把车停在楼下，半小时以后，他的车被盗。

朋友们知道了这个消息，纷纷跑来安慰他。洛基爱车如命，又是几万美元买的车，一下就没了，心里肯定受不了这样的打击，朋友们说："洛基，车虽然丢了，但是你千万别太悲伤！"

洛基大笑着说："我干吗要悲伤啊？"

朋友们很疑惑。

"你们丢了两美元会悲伤吗？"洛基接着说。

"要是两元钱当然不会了。"朋友们回答。

"那不就得了，我就是丢了两美元！"洛基又笑了。

Details

包容有多少，拥有就有多少

包容是人生最大的智慧，患得患失的人做不到，斤斤计较的人做不到，处处争先的人做不到，自以为是的人做不到。可是一旦做到，就会受益良多，从宽容大度到淡然从容，人生修行的境界不过如此。

生活中，我们都曾被伤害，无法免俗的结果，就是充满怨恨。有这样一个比喻，一粒盐巴，放在一杯水里，水会立刻变咸，难以下咽，可是将同样一块盐巴放到湖水中，湖水丝毫没有改变。因为湖泊够大，它的宽容能够稀释盐巴的咸味。可见，越是包容，生活中就越少怨恨，包容的多，拥有的自然不会少。

金无足赤，人无完人。想要拥有得多，就要包容得多，用博大的胸怀去包容周围的一切，身边的朋友会越来越多，生活也会越来越美好。

有这么一个故事。某一天，阎王对两个小鬼说：“你们两个都可以去人间投胎重新做人了，现在我手里面有两个名额，一个呢，是从生下来就要忙着给别人东西；另一个呢，是一生都从别人那里拿东西，你们两个愿意做哪一个呢？”

小鬼甲心想：我当然要得到的多，凭什么把这么好的位置让给乙呢？所以抢先一步跪地向阎王说道：“阎王大人，我要做那个一生从别人那儿索取东西的人。”而小鬼乙则很包容小鬼甲，他什么都没说，微微地笑了一下，之后选择了一生都要付出给予的那一个。

阎王笑了笑，其实他早已心中有数。他精神一振，宣判道：“下令小鬼甲投胎去人间做一个乞丐，到处向别人要东西吃；小鬼乙投胎到富贵忠厚的人家里去，经常接济穷人。”

原来，包容有多少，拥有就有多少。

海姆向来对自己要求严格，同时也苛刻地要求身边的朋友。

其实，海姆很聪明，对周围的人也很热情，又非常喜欢结交朋友。可以这样说，他完全无法忍受没有朋友的那种孤单和寂寞。然而他又绝不允许朋友身上存在一丝一毫的缺点和毛病，甚至于不允许存在与他自己不同的性格和为人处世的方法。一些朋友在和他保持一段时间的友谊时，只能时时刻刻地压抑着自己。可是，压抑自己是非常折磨人的事情，谁也不能长久坚持。

于是，他热情结交新朋友的同时，也在一边失去老朋友。久而久之，他身边连一位朋友也没有了。

还有这样一个人，他有酒必饮，嗜酒如命，酒后必醉，醉酒后行为失控，经常闹得周围的人家彻夜难安。因为这个缺点，很多身边的朋友每次遇见他之后如见蜂蝎，唯恐躲避不及。然而只有这样一位老朋友，每次都奉陪到底，并且在酒后竭尽全力地阻止他酒后的失控行为，而且还特意把他平安地送回家中。

在他的朋友中，有个朋友的性格非常暴躁，言语极其刻薄刁钻。在朋友们聚会的时候，不知道谁的一句不经意的话，就会惹得他暴跳如雷，甚至于摔碎餐具摔坏座椅；又或者突然说出几句尖酸刻薄的话语，让某个朋友颜面扫地，无地自容。再后来，身边的朋友都对他“退避三舍，敬而远之。”只有这位老朋友还依然和他保持着联系。

有些人很不能理解他，常常在背后颇有微词，甚至有朋友说道：“能和那种人做朋友，你身上肯定也有那种人的一些毛病。”但不管别人怎么不理解，怎样去说。他却总是说一句话：“其实我们每一个人身上都有自己的个性，每个人身上都有别人所不喜欢、非常讨厌的东西。但我们之所以能成为朋友，就是因为我们身上都有我们各自喜欢的东西。多一些宽容和理解！宽容我们所不喜欢，讨厌的，珍惜我们所喜欢的……这样，才能拥有得更多啊！”

人们说，
比海洋更宽阔的是天空，
比天空更宽阔的是人的心灵。
我不得不说这句话很正确。
大海包容了我，我的心里却有世界，
比如埃及金字塔、美国自由女神像……

Details

不要在伤心的时候为难自己

心有多宽，心情就有多好。妥协是一条路，顺着这条路走，总会告别伤心。永远别和自己过不去，让自己多一份包容。工作压力其实并没有那么大，婚姻生活其实并没有那么糟，朋友伙伴其实并没有那么坏，你的生活其实并没有那么不如意。包容以后再看看，是不是生活开始有条不紊起来，顺风顺水起来？

何必为难自己，人的一生风云变幻，总有意志消沉、不知所措的时候。伤心的时候不必为难自己，可以尽情释放，但是一定要懂得疼惜自己。伤心的时候把自己折磨得遍体鳞伤，快乐的时候觉得这种快乐并不能永恒……这样和自己过不去又何苦呢？不如宽恕自己，同时宽恕别人，只有拥有包容开放的心态，才能迎来新的曙光。

大千世界，芸芸众生，每个人都希望幸福地生活，既然这样，就更要宽恕众生，宽恕世界。有积极的心，才能疼惜自己，爱护大家，世界一团和气，同时更是成全了自己。

当她和他谈恋爱的时候，第一次削梨给他吃。她削梨的样子非常特别，反着削，而且削下去了许多梨肉。他看见了，笑着从她手里拿过梨继续削，说等她削好了，他也只能吃梨核了。从此以后，他再也不让她削梨了，其实只是怕她伤了自己的手。

后来，他们结婚了。她不会做任何家务，哪怕是洗碗，他几乎包揽了一切家务活。她喜欢写文章，业余时间都用来爬格子了。他理解她，每次她写东西的时候，他都会在旁边给她放她喜欢的CD，然后安静地坐在一边，默默地削着一只梨。他削的梨皮薄且完整，而且还非常细致地去了核，切成小块插上牙签给她吃。她觉得他削的梨是这个世界上最好吃的梨，因为那里面包含着爱的味道。

她写文章一直不太顺利，投出的作品基本上都石沉大海。她笑自己不值，但仍然不肯放下手中的笔。她说写文章就像吸鸦片，一旦沾染上了，便是再也戒不掉。

她的这种情况一直到遇到米安才有所改变。米安是一家报社的主编，两人相识于一次笔友联谊会上。他不凡的谈吐举止给她留下了非常深刻的印象，而她的美丽像春天的第一枝水仙一样在他的眼中停留下来。他说自己是她的伯乐，他要她带给文坛一次春天。在米安的指导下，她的写作能力突飞猛进，很快就成了圈中公认的才女。不久，她的第一本处女作问世了，销量非常好。她沉浸在巨大的成功喜悦中。米安的博学多才以及作为一个男性的成熟魅力使她的爱发生了偏移，虽然她知道米安并不能给她带来什么承诺，因为这是个有家室的人，可是最终还是义无反顾地爱上了米安，就像当初迷上写作一样，她吸食了更多剂量的鸦片。

为了米安，她决定和他离婚。一天晚上，她坐在电脑旁，一个字也没有写出来，几次话到嘴边又咽了回去。他看出了她的犹豫，正在削的梨皮突然从手中滑落，他不知道是在怎样的心情下听她说完离婚的理由，总之，手中的梨皮不停地滑落、滑落。忽然，一不留神，刀子扎进了他的手中，血顺着手指滑落下来，他感到心里隐隐作痛。可是他依然削好了去核的梨给她。她接过梨，在咬下第一口的时候，忽然眼泪流了下来，原本好吃的梨在她嘴里忽然没了味道。他们终于离婚了，在她感到万分轻松的同时，一抹疼痛开始在她心里蔓延开来，无法阻止。他其实比她还痛，可是他依然选择了离婚，他爱她，但是他知道，她有自己的追求和理想，他应该尊重她。他以为只要有爱，就可以给她幸福，可是此刻他知道，放开她，才是让她幸福的方式。他不想为难她，也不想为难自己，虽然伤心，但是一切终究会过去。谈不上宽恕，但是他在心里，早已经原谅了她。

他的淡然让人感到了一种超然的善良。面对着她给他带来的伤害，他宽恕了一般人无法宽容的情感背叛。他用超然的大爱，用宽恕的魔法，化愤怒为平静；他用他的自尊将之前的伤害，化成一场已经离去的噩梦。噩梦醒来，天依旧是那么的蓝，地依然是那么的绿，生活依然是那么的美好，一切都犹如重新来过。宽恕伤害你的那个人，实际上就是宽恕你自己。

不开心的时候，
我喜欢埋头扎进书山，
找一本最爱看的故事书，
和书里的主人公一起去冒险。
一只喜爱阅读的猪
选择以这样的方式放松。

Details

宽容的人生更阳光

宽容是美德，是人生智慧，因为具备这样的底蕴，我们获得了良好的心态；因为具备这样的底蕴，我们的微笑饱含自信；因为具备这样的底蕴，我们能够从容面对人生。从此以后，生活不仅温暖，而且充满阳光。

马克·吐温说：“紫罗兰把它的香气留在踩扁它的脚踝上，这就是宽容。”这句话很特别，不止幽默，还意味深长。生活中，有谁被误解了仍旧宽宏大量？有谁被骂了不耿耿于怀？可是就因为这样，才有了宽容的存在。它是修养的体现，显示着爱和博大的胸怀。

宽容意味着理解、谅解、同情，因为宽容，人们才有机会亡羊补牢；因为宽容，人们才能消除隔阂；因为宽容，人们才能赢得友谊。具备这种修养的人，和谐美好的人生从来都不是难事。

“请相信宽容的力量！”这句话是美国前总统林肯在竞选美国

总统前夕，参议院演说时所说。

当时，林肯遭到了一个参议院议员的羞辱，那个参议院说：“林肯先生，在你开始演讲前，我希望你记住自己是个鞋匠的儿子。”

“我非常感谢你使我记起了我的父亲，他已经过世了，我一定记住你的忠告，我知道我做总统无法像我父亲做鞋匠那样做得优秀。”

参议院陷入了一片沉默之中。

林肯转过头来对那个态度傲慢的参议员说道：“据我所知，我的父亲以前也为你的家人做过鞋子，如果你的鞋子不合脚，我可以帮你改改它。虽然我不是伟大的鞋匠，但是我从小就跟我的父亲学会了做鞋的技术。”然后，他又对所有参议员说：“对参议院的任何人都一样，如果你们穿的那双鞋是我的父亲做的，而它们需要修理或者修改，我一定尽我所能帮忙。但是有一点是可以肯定的，他的手艺无人能比。”

说到这里，所有的嘲笑变作了真诚的掌声响彻整个参议院。

有一些人批评林肯总统对待政敌的态度：“你为什么总是试图让他们变成你的朋友呢？你应该想办法打击他们、消灭他们才是啊。”

“我们难道不是正在消灭政敌吗？当我们成为朋友的时候，政敌就不存在了。”林肯总统温文尔雅地说道。

这就是美国前总统林肯的“灭敌” 政策，将敌人变成朋友。

他，曾两度被选为美国总统。

宽容是修养的底蕴，一个具有宽容心态的人，一定具备很高的修养。

17世纪中叶，在意大利有一位非常著名的画家叫麦德卢。他虽然喜爱绘画，但是年轻的时候努力很久都没有什么明显的进步，之后他就在威尼斯的一家画廊做起了仿造甚至于假造世界名画的勾当。

有一天，麦德卢正在自己的画廊里面临摹一幅叫作《提水人》的名画，这幅画是西班牙著名画家迭戈·委拉兹开斯所画。就在这个时候走进来一位观光游客，站在麦德卢的身后静静地看着他作画，麦德卢一点也没发现有人在旁边，仍然专心致志地在那里作画。

当麦德卢把画中那位提水的女人画出来以后，那位游客非常失望地说道："那只水桶一定很重，女人的身体应该更倾斜一些才对！"

麦德卢惊讶地发现有人在他背后，他转头一想觉得游客说得有些道理，于是重新画了起来，但那位游客似乎依旧不满意，皱着眉头说道："这个妇女站在屋里，所以水的颜色应该更深一些才对！"

麦德卢惊叹于这位游客的鉴赏能力。之后，他完全按照这位游客的意见把这幅画临摹了出来，麦德卢画得简直可以以假乱真。

"非常感谢您的指导，现在这幅画一定能卖一个非常好的价钱！”麦德卢说道。

“你说得对，这样既不会太糟蹋我的声誉，又能给你带来更高的收入。”游客说道。

“你的声誉？”麦德卢疑惑不解地说，“冒昧地问您一声，您是……”

“迭戈·委拉兹开斯”游客说。麦德卢惊讶得一句话也说不出来了。麦德卢万万没有想到站在眼前的这位游客竟然是《提水人》的作者本人！让他更意想不到的是，迭戈·委拉兹开斯说完后就转身离开了画廊。麦德卢赶忙追上前诧异地问：“您不打算告我吗？”迭戈·委拉兹开斯笑着说：“生活就是艺术的土壤，虽然你只是在模仿我的画，但是我依旧不希望因为艺术而威胁到你的生活！”

迭戈·委拉兹开斯的宽容让麦德卢感到万分羞愧，从此以后，他再也不仿造别人的画作了，而是把精力都放在真正的艺术创作上，最终麦德卢成为一位大画家。

许多年后，麦德卢在自传里写下了这样的一段话：“是迭戈·委拉兹开斯挽救了我，是他的宽容和大度挽救了我！如果之前他选择让我受到法律的制裁，那么之后我在艺术上可能永远也不会有什么成就。”

Details

怨恨会让你失去快乐

人生苦短，来去匆匆，生活中充满了快乐和痛苦、幸福和不幸。一个聪明的人绝对不会让生活充满怨恨，因为乐观豁达、不去抱怨的人生才是美好的人生，充满温情和友爱的人间才是动人的人间。

生活就像诗朗诵，抑扬顿挫才好听；生活像一片蔚蓝大海，潮起潮落才壮阔；生活像一把琴，有高音低音才动听。若是因为遭遇了低谷便怨恨生活，那会让你失去最基本的快乐。生活中，我们都曾遭遇不幸，怨恨别人，自己更是难以释怀，何苦呢?

怨恨会让人失去快乐，不要怨恨，要有包容心。包容了，才能坦然，坦然了，才能重新获得快乐。

一家公司的老板火冒三丈，严厉训斥了公司经理。

经理气急败坏地回到家，对妻子大声吼道：“你真是浪费时间，你看看，做了这么多菜，又费钱又费力，你是自讨苦吃！”

妻子郁闷了，对儿子大声训斥：“你看看你，干什么都慢悠悠的，你是得了老年病吗？”

儿子更郁闷，他对保姆大声呵斥：“我家的盘子你说打破就打破了，你知道这盘子多贵吗？你一个小时的工资都买不起！”

保姆郁闷地去扔碎的碟子，不巧伤到路上的一位行人。

行人是一位妇女，她又哭又闹以后才去医院治疗。她的内心充满了怨恨，她对护士大声呵斥：“你怎么那么笨，你把我弄痛了！”护士回到了家，她充满怨恨地抱怨母亲：“你的菜怎么不是咸了就是淡了，永远不合我的胃口！”

母亲是唯一一个没有发脾气的人，她很温和地说：“孩子，明天我一定给你做可口的，你忙了一天了，肯定很累，休息吧，我刚给你换了一床新的被子……”

女儿笑了，她重新获得了快乐。

“怨恨循环”终于在这个环节终止了。不然，指不定要循环到哪里去。母亲的包容融化了怨恨，她的善意理解和关爱消除了怨恨，开始了一段“善心的循环”。

很久很久以前，有一个叫爱地巴的人，他每次和人争吵、生气的时候，都会以飞快的速度跑回家去，绕着自己的房子和土地跑上三圈，然后气喘吁吁地坐在田边。爱地巴非常勤劳，经过他的劳作，他家的房子越来越大，他家的土地也越来越广……但是不管他家的房地有多大，只要他与人争吵、生气，他仍然会绕着房子和土地跑三圈。

竹蜻蜓坏了，
落在草丛里，
再也飞不起来。
小熊，我能和你一起玩吗？

“爱地巴为什么每次生了气都要绕着房子和土地跑三圈？”所有认识他的人心里都非常疑惑不解，但是不管众人怎么问他，爱地巴就是不愿意说出来。

直到有一天，爱地巴已经很老了，他的土地已经变得非常非常的广阔了。他生了气，拄着拐杖艰难地绕着房子跟土地一步步地走，等到他好不容易走了三圈……太阳都已经下山了。他独自一人坐在田边喘气，他的孙子在身边恳求他：“爷爷！您已经这么大一把年纪了，这附近地区的人也没有人比您拥有更大的土地了，您不能再像从前那样，一生气就绕着土地跑啊！您能不能告诉我为什么您一生气就要绕着土地跑三圈呢？”

爱地巴禁不起孙子的执拗和恳求，终于说出了这个隐藏在心中多年的秘密。他说道：“年轻的时候，我和别人吵架、争论、生气，就要绕着土地跑三圈，边跑边想我的房子这么小，我的土地这么小，我哪有时间、哪有资格和别人生气？一想到这，我的气就消了，于是就把所有时间用来努力工作。”

这时，孙子又问道：“爷爷！您现在年纪大了，而且已经变成最富有的人了，为什么还要绕着土地走？”

爱地巴笑着说道：“我现在还是会生气呀，生气的时候绕着土地走三圈，边走边想……我的房子这么大，我的土地这么多，我又何必与人计较？一想到这里，我就不再有所怨恨，内心也就充满快乐了！”

能在不同的时期，能处在不同的角度，虽然当时的心态不同，但是最后却因为放下怨恨而获得了快乐，这样多让人高兴！

Details

给自己留条后路

抽身退步，早留后路。事情越复杂，就越要宽容以待。宽容，不仅为自己提供了一个温馨和谐的环境，更为自己营造了一个能进能退的空间。

凡事不要做绝，给自己留条后路。鱼死网破也许能解一时之气，但绝对不是智者的选择。宽容别人，就是宽容自己，用这样的心态处事，不仅能化敌为友，更能受益良多。谁都可能有过激的时候，包容不只是留给对方回旋的余地，更是给自己留有转换空间。为人也好，处事也罢，因为包容，总能得到意料之外的好结果。

一位得道大师刚想开门出去，一位身材魁梧的大汉突然闯了进来，并且猛力撞到了大师身上。本来应该道歉的，谁知大汉非但毫无愧疚之意，还理直气壮地喊道：“活该！”高人笑了笑，什么都没说。看到这反应，大汉一阵奇怪，问道：“我说你怎么都不生气呀？”大师说：“我为什么要生气呢？就算生气，我的苦痛无从消解，而且只会放大事端。你若对我破口大骂、动粗，我肯定不是对手，而且会造成更多恶缘。如果我早一分钟或者晚一分钟开门，都不会发生相撞，不过这一撞，说不定你帮我消除了业障呢！”大汉听了很感动，若有所悟地离开了。很久以后，大师收到一封挂号信，里面是5000元钱，正是那个大汉寄来的，他说大师教会他用一颗宽容的心对待别人，当时他生活中刚发生一些变故，想着和对手殊死一搏，遇到大师后，学会了宽容待人，从此明白宽恕别人更是善待自己。这一课，有的人一辈子都学不会。

一次，拿破仑皇帝骑马旅行至法国西部，他来到了一家乡镇客栈。为了进一步地了解民情，他决定徒步旅行。当他穿着没有任何军衔标志的平纹布衣走到一个三岔路口的时候，记不清回客栈的路了。拿破仑看见路边有个军人，于是走上前去问道：“你好，朋友，能告诉我去客栈怎么走吗？”

军人叼着大烟斗，头一扭，傲慢把这身穿平纹布衣的旅行者上下打量了一番，回答道：“朝右走！”

“谢谢！”拿破仑又问道，“请问这里离客栈还有多远？”

“一英里。”军人生硬地说。

拿破仑转身告别，刚走出几步又转身返回，对军人微笑道：“请原谅，我可以再向你问一个问题吗？如果你准许我问的话。请问你的军衔是什么？”

军人猛地吸了口烟，“猜一猜吧！”

拿破仑风趣地说道：“中尉？”

军人摆出一副高高在上的样子，“还要高一些。”

“那么你是少校？”

“是的！”军人高傲地回答。

拿破仑敬佩地向他敬了个礼。

军人随即转过身，摆出一副对下级说话的神态，问道：“假如你不介意，请问你是什么官？”拿破仑笑着说：“你猜一猜！”

“中尉？”

拿破仑摇了摇头，“不是。”

“上尉？”

“也不是！”

军人走近拿破仑身旁，又仔细地看了看他，说：“那么你也是少校？”

“继续猜！”

军人取下了嘴里的烟斗，之前高的神情突然一下子消失了，接着用十分尊敬的语气低声问道：“那么您是部长或者将军？”

“快猜对了。”拿破仑大笑。

“殿……殿下是陆军元帅吗？”军人结巴起来。

“我的少校，再猜一次吧！”

“皇帝陛下！”军人的烟斗掉到了地上，猛地跪在拿破仑面前，慌忙喊道，“陛下，请饶恕我！陛下，请饶恕我！”

“饶恕你什么？朋友。”拿破仑笑着说，“你没有伤害我，我向你问路，你也告诉了我，我应该谢谢你呢。”

Details

争强好胜，伤得最狠

山路十八弯，水路十八盘，
人生之路也必定充满了荆棘坎坷。
懂得弯曲并敢于弯曲，
是一种本领，是一种境界，
更是幸福的秘诀。

“路经窄处，留一步与人行；滋味浓的，减三分让人尝。”这便是做人的忍让哲学。做人没有必要总是争强好胜，凡事挣足了面子，占尽了风头，最后只会让自己落得个悲惨的下场。凡事不争不抢，懂得忍耐谦让，反而会让生活更有生气。

有一个得道的法师将要圆寂时，弟子们都来到他的床前，问道：“师父最后还有什么要交代弟子们的吗？”

法师点点头，然后张开嘴巴让弟子们看，问：“我的舌头还在吗？”

哪怕对方只是渺小的蚂蚁，
也要释放你的善意。
不争抢，懂退让，
合理的妥协是真正的勇敢。

弟子们围过去，看了看师父的嘴巴回答：“舌头在，好着呢！”

法师又问：“我的牙还在吗？”

因为法师已经一百多岁了，牙齿早已经掉光了，弟子们只看到光秃秃的牙床。

“牙齿不在了。”弟子们回答。

法师又问：“明白我要说的话了吗？”

有几个弟子略有所悟，其中一个回答道：“舌头因为柔软，所以存在；牙齿因为刚强，所以全掉光，是这个道理吗？”

法师说：“是啊，只要你们记住这个道理，我就能安心地走了。”

“舌头因为柔软，所以存在；牙齿因为刚强，所以全掉光。”这就是不可争强好胜的道理，人生幸福的秘诀也在于此。

有一对年轻人，结婚以后，常常因为生活中的一些小事情争来争去，哪怕是一点点小事他们也要争个输赢。没几年，他们的婚姻似乎走到了破裂的边缘。为了找回昔日的爱，他们计划进行一次浪漫的旅行。他们约定，如果能找回恋爱时的幸福就继续生活，如果不能就分手。

不久，他们去了一个风景优美的山谷，可让他们奇怪的是，山谷南坡长满了松、柏，而北坡只有雪松。

天上下起了大雪，于是他们支起帐篷，准备在山谷里宿营。他们在帐篷里望着纷纷扬扬的大雪，突然发现，北坡的雪比南坡的雪要大得多。不一会儿，北坡的雪松上就积了厚厚的一层雪，不过，当雪积到一定厚度的时候，那富有弹性的雪松枝丫就会向下弯曲，直到雪从枝上滑下。雪不停地下，雪就这样反复地积，而雪松反复地弯，雪就反复地落，这样，雪松因为不会积雪太厚而完好无损。可其他的树因为弹性不够，不会弯曲，树枝全被压断了。南坡雪小，所以南坡除了雪松外，还有柏树等其他树木。

看到这一景观，妻子对丈夫说："北坡一定也长过其他树木，只是因为不会弯曲，才让大雪给压毁了。"

丈夫点点头，霎时，两个人像是明白了什么似的，相互拥抱在了一起。

丈夫兴奋地说："我们发现了一个秘密——世间万物都不能太好强，树能弯曲一下，就不会被压垮；人要是学会忍让，可能就能避免很多伤害。"

从此以后，两个人试着相互忍让，结果，他们不仅不再为小事吵闹，反而过上了幸福的生活。

大自然中的树如此，生活中的人也如此。生活中，忍就是弯曲的艺术。

我们都需要忍，都要学会忍。那么，怎样去忍呢？答案就是学会弯曲的做人艺术。

Part 04

快乐由自己决定，一切皆是惊喜

世界没有绝对幸福的人，
只有不肯快乐的心。
快乐是你自己的事，
只要你愿意，你就可以快乐，
即使在别人看来，你甚至没有快乐资本。
快乐隐藏在生活的每一个细节里，
不要再为那些琐屑的事而把自己困在不快乐中，
任何事都会有解决的方法。

Details

快乐是一块田，要靠自己播种

人活一辈子，心情很重要。如果你的心里播种的是快乐的种子，收获的一定是灿烂的笑容。我们不能改变天气，但是可以左右心情。快乐让人变得宽容、善良、生机勃勃，让人生开花结果。

一个人快乐与否，伤心与否皆来自内心。每个人心里都有一块田，你种什么，就会收获什么，决定心情的，不是别人，正是你自己。若心田种的是快乐，那收获的将是快乐的心情。

快乐是一块田，要靠自己播种。如果能快乐每一天，心情就会像田野上自由生长的树一样清新饱满。

小女孩像往常一样去上学了。这天天气不太好，云层渐渐变厚，到了下午的时候风吹得更急了，不久就开始闪电、打雷，然后下起大雨。小女孩的妈妈非常担心，怕小女孩会被轰隆隆的雷声给吓到，甚至被闪电击到。雨下得愈来愈大，闪电像一把锐利的剑刺破天空，于是她赶紧开着车，沿着小女孩放学的路线去找。这时，她看到女儿一个人走在街上，每次打雷闪电的时候，她都停下脚步，并且抬头往天上看，脸上露出微笑。妈妈叫住女儿，问道："下这么大的雨，你在做什么？"小女孩说："上帝在给我照相，所以我要笑啊。"

一个天使般的微笑足以打开纠缠心中多年的死结，这样的笑容是无价的。与此同时，相信它也是化解困境最有效的武器之一。

20年前，美国曾经发生过这样一件事情。

美国加州，一次偶然的机会中，一个6岁小女孩得到了一个陌生的路人送给她的4万美元现款。消息一经传出，整个加州都为之疯狂骚动起来。

记者纷纷上门采访小女孩。"小妹妹，你遇到的那位陌生人，你真不认识他吗？他是你的一位远房亲戚吗？他为什么给你这么多钱？4万美元，那是一笔很大的数目啊！那位给钱你的先生是不是脑子出了问题……"

小女孩露出甜美的微笑，"不，我不认识他，他也不是我的什么远房亲戚，我想……他脑子应该也没有问题。为什么给我这么多钱，我也不知道。"

接着，小女孩努力地想了又想，大约过了十多分钟，她若有所悟地告诉父亲："就在那天，我刚好在外面玩，在路上碰到了那个人，当时我对他笑了笑，就只是这样啊！"

父亲接着问："对方有没有说什么？"

春天来了，
小兔种了萝卜，小鸭种了青菜，
哈哈，傻乎乎的小猫种了鱼。
我种下了许多心愿，
那么，秋天还要多久到来呢？

小女孩想了想，“他好像说了句‘你天使般的微笑化解了我多年的苦闷’。爸爸，什么是苦闷呢？”

原来那个路人是一个富豪，一个不快乐的有钱人。他的脸上总是挂着一副冷酷严肃的表情，整个小镇根本没有人敢对他笑。他偶然遇到小女孩，小女孩对他露出了真诚的微笑，使他心中不自觉地温暖起来，让他尘封了不知多少年的心扉又重新打开了。于是富豪决定给小女孩4万美元，这是他对自己的收获给出的价格。

哲意人生 Philosophic life

没有人能给我们痛苦，只有自己给自己痛苦。希望从别人身上得到快乐的人，好比一个乞丐向人乞讨，因为快乐不是别人给我们的，而是靠自己解脱、自己超越一切顺逆的境界，放下所有的执着烦恼，如此才可以得到快乐。

Details

陪伴一生的是心情

陪伴一生的是心情，所以我们要用一生的代价去呵护这份心情，满足和喜悦、甜蜜和幸福都是美好心情结出的果实。拥有一份好心情，自然能够驱散忧虑和烦恼，自然能够大度处事、宽以待人。人可能没有爱情，没有自由，没有健康，没有金钱，但是必须有好心情。

人生如戏，幕起幕落，不过百年。要怎样才能不辜负这大好年华？成与败、得与失、繁华与落寞，在落幕后，这些都显得不那么重要，反而是伴随我们一生的心情，快乐的心情，每每想起，都更值得我们怀念。古语有云，人生四大乐事：他乡遇故知、久旱逢甘雨、洞房花烛夜、金榜题名时。这四大乐事和心情有着密不可分的联系。当人有一份好心情的时候，天是那么的蓝，云是那么的白；当人有一份好心情的时候，工作会更加有成就感，也更有动力。总之，一份好的心情能让你获得更多的机会，掌握更多的学识，成就更高的事业，结识更多的朋友。

一天，汉克去拜访一位客户，但是非常可惜的是，他们没有达成协议。汉克很苦恼，回来后把事情的经过告诉了经理。经理耐心地听完了汉克的讲述，沉默了一会儿说："你不妨再去一次，但要调整好自己的心态，要时刻记住保持微笑，用你的微笑打动对方，这样他就能看出你的诚意。"汉克抱着试试看的心态照着经理的话做了，他表现得很快乐、很真诚，微笑一直洋溢在他的脸上。结果对方也被汉克感染了，他们非常愉快地就签订了协议。

汉克结婚已经有18个年头了，每天早上起来都要去上班。忙碌的生活和工作的压力让他顾不上关照太太，久而久之对太太冷落了很多，他也很少对妻子微笑。汉克决定试一试，看看微笑的力量会给他们的婚姻带来什么不同的改变。

第二天早上，汉克梳头照镜子时，就对着镜子微笑起来，他脸上的愁容顿时一扫而空。当他坐下来开始吃早餐的时候，他微笑着跟太太打招呼。太太惊愕不已，非常高兴。在这两周的时间里，汉克感受到的幸福比过去两年还要多得多。

现在，汉克每天上班时，都会对大楼门口的电梯管理员微笑；他微笑着跟大楼门口的警卫打招呼；站在交易所时，他对工作人员微笑。汉克很快就发现别人同时也对他微笑。一段时间之后，他发现微笑带给他更多的收入和更好的人际关系。

汉克现在经常真诚地赞美他人，停止谈论自己的需要和烦恼。他试着从别人的角度看事情。这一切真的改变了他的生活，他收获了更多的快乐和友谊。

Details

为生命画一片叶子

人生路上，每个人都会遇到这样或那样的问题，这正是考验我们内心的时刻。我们能否战胜困难，其实是在考验我们能否战胜自己。只要心中有阳光，对美好依然向往，内心就会变得强大，奇迹就会发生。

有人这样说：心中有佛，见的都是光明，说的都是善良；心中有魔，见的都是黑暗，说的都是邪恶。那么心中有阳光，见到的，就应该是煦暖一片吧。生活中，每个人都在用自己的经验和态度去思考各自遭遇的情境，每个心灵都是一面镜子，反映出自己眼睛里的世界。眼睛里若是光明和善良，就一定是美丽动人的世界，而这样的世界，应该是让所有人向往和期待的。

悲欢离合、阴晴圆缺中，我们不能逃避人生窘迫的情境，但是在这样的时候显示出怎样的内心，却至关重要。内心向往光明，则会全力以赴，无论外界怎样风雨交加，依然会乐观面对。

美国作家欧·亨利在他的小说里讲了一个故事，故事的名字叫作《最后一片叶子》。

病房里面，一个生命垂危的病人看到窗外的那棵树，在秋风中树叶纷纷坠落，他看着萧萧落叶，身体状况每况愈下，一天比一天糟糕。他郁闷地说，树叶全部掉光的时候，我就要死了。

一个老画家得知了这件事情，用彩笔画了一片叶脉青翠的树叶挂在树枝上，所以，这最后一片叶子始终都没有掉下来，也是因为这片生命的绿色，病人竟然奇迹般地康复了。

很多时候，控制我们身体状况的，不是医生，不是药物，而是我们对于美好生活的那份向往。因为有向往，才会有动力，心中才会有阳光，生命才会更加灿烂。

他是一个普通的人，但是又不那么普通，比如，他可以通过盲人专门用的软件在互联网上发帖、回帖甚至和朋友QQ聊天，除此以外，他还能用手机给朋友发短信，要不是亲眼所见，没人相信这个熟练操作电脑的人是一位双目失明的盲人。他叫耿兴奎，他的故事，有点传奇。

1961年，耿兴奎出生了，他出生才几个月，就出现了问题——脑袋总是乱晃。原来，是因为眼睛看不到，所以脑袋总跟着声音去找，他的爸妈急坏了，带着他去看病，经过医生确诊，这孩子只有眼睛没有瞳仁，属于先天发育不全。

后来，他全家跟随父亲的工作调动转到甘肃，为了让他接受教育，10岁时，耿兴奎被送入盲校学习，一学就是五年。

五年后，他成为一名中医按摩师，可是他并不满意。他从小就酷爱文艺，一直想在电台当播音员，可是怎么就非要做个按摩师呢？他虽然有其他的想法，可是还是觉得乐观地接受眼前，先成为一个好的按摩师再说。

耿兴奎8岁那年，小朋友们都吹笛子，那时候经常吹的就是《东方红》之类的曲子，耿兴奎也想要一支笛子，爸爸从四川出差时候给他带回来一支，大概教了他一下，他就找准了洞，开始练习吹曲，连着三天。到了盲校，恰好乐队缺一个吹笛子的，老师发现他有基础，就教他，并且让他纠正了原来的不良习惯。于是，除了刻苦地学习盲文，笛子成了他的挚爱，只要清脆的笛声一响起，他的心中就充满阳光，充满喜悦。

时间过得很快，已经26岁的耿兴奎，对爱情同样渴求，可是两次恋爱失败的经历，让他有点担心。就在这时候，一位从河南来这边探亲的姑娘进入了他的生活。谈到和妻子的相识，他笑着说："那时候她来看她姐，在姐姐那里住了一段时间。别人把我介绍给她，她说帮我是可以的，但是接受我成为终身伴侣不行。后来，我们团总支部书记把我的一盘演出录音带给她听，就是这盘带子，改变了她对我的看法。她觉得我挺有才，能用吉他自弹自唱京剧，还能用两种声音说相声，没想到一个盲人能做得这么优秀，她当时就有想见我的冲动，原来这就是传说中的缘分吧。"

耿兴奎的妻子是一个知书达理的人，两个人在一起别说多合拍了，他们在精神上相互鼓励着，在外面走路，他可以搀扶她一把，

年迈的老树在这个春天不再发芽，
在一片绿色的森林里成了唯一的枯黄。
让我为你画一片青翠的叶子吧，
它可是永远不会凋零的哦。

她也可以借他的力走得更稳一些。

紧接着，耿兴奎一家去南方打工了，一去就是八年。他幸福地说起自己的打工生活，他和妻子尽管生活艰辛，但是以苦为乐，善待人生，用乐观的生活态度写好自己人生的每一笔。

他说："我都算是一边打工一边旅游了。我们残疾人去一些地方是不收费的，我想着，正好借这个机会多走几个地方呗，印象最深的就是去鼓浪屿，小时候就听说过海岛的斗争故事，结果借着打工实现了梦想。"

耿兴奎一直还是梦想着像电台播音员那样的工作。现在回想一下，他整个人生经历都依托于两个字存在：乐观。他觉得，人活着就应该用这样的精神风貌去书写人生。

2000年的时候，他们在东营安家。后来，他们有了一个可爱的女儿。2007年，耿兴奎参加市里举办的演讲比赛，得了一等奖。再后来，耿兴奎还得了首届全国盲人诗歌散文朗诵大赛的一等奖。

平时在家里，他总会给妻子吹拉弹唱一番，还会讲一些幽默的故事，整个家里总是充满了欢声笑语。

妻子说："只要心情好，再累我也高兴，人活着，不就图一个好心情嘛，我快乐地度过一生，比拥有多少金银财宝都强，虽然忙碌，但是充实。"

他们的人生还在继续，他们快乐的故事，也还在继续。每个人脚下都有一条路，走在路上，别忘了为生命画一片叶子，这样，心中有盏不灭的灯，会一直照亮前行的路。

为自己编一本心理辞典

每个人都有一本心理辞典，即在自己的内心对生活、人格等一些重要品质的定义和认识，如自信、独立、责任、勇敢、友谊。每个人对这些词汇的理解决定了他们的生活态度。

每个人的内心，都有一部心理辞典，辞典中的诸多词汇决定了他们的价值取向和生活方式。在词典里，有的人标注着：自信、独立、乐观、积极，而有的人则写满了消沉、悲观、逃避等。辞典上的内容，就是一个人在生活中表现出来的状态。

作为一个有梦想的人，不妨立刻开始为自己编写一部真正的“心理辞典”，在这里，写下自己希望的人格和心理品质，再根据你的理解，随时补充和修正，如此，一本难得的人生指南就这样完成了。

心理学家要进行一项调查，所以来到正在施工中的大教堂，对现场的敲石头工人进行随机访问。

心理学家遇到了第一位工人，他问：“你能告诉我你在做什么吗？”工人气愤地回答：“你眼睛瞎吗？看不见吗？我正在用这个能累死人的铁锤锤这些该死的破石头，这破石头又那么硬，我的手早就酸了，这简直就不是人干的活儿。”

心理学家遇到了第二位工人，他问：“你能告诉我你在做什么吗？”工人很消沉很无奈地回答：“我在干什么？我就是为了这每天50美元的工资，才会做这样的破工作，要不是为了家人的温饱，为了孩子，我才不会来做这样的粗活。”

心理学家遇到了第三位工人，他问：“你能告诉我你在做什么吗？”第三位工人的眼中，闪烁着喜悦的光芒，他笑着回答说：“我有幸参与到这座雄伟华丽的大教堂的施工当中，一想到在落成之后可以多几个人来这里做礼拜，我就知道这敲石头的工作其实也并不轻松，可是我还是会想到，将来会有很多很多的人在这里接受上帝的爱，于是我就会拼命地努力，心中对这份工作充满感恩。”

同样的一份工作，同样的环境，不同的人，有着截然不同的感受。心理学家得出的答案如下：

第一个人：完全无药可救的内心，任何人都可以想象到他的将来，没有工作会眷顾他，没有机会会垂涎他，他必将成为这个社会的弃儿，甚至是生活的弃儿。

第二个人：这是一个没有责任心的人，也是一个没有荣誉感的人，不要对这样的人有什么指望，他们只是为了薪水而工作，为了工作才来工作，绝对不是一个可以依靠的员工。

第三个人：这个人，是该从哪里开始赞美呢？他的身上，没有任何抱怨和不耐烦，相反的，他还具有很高的责任感和创造力，他手中的工作充满了无限乐趣，因为他的努力工作，工作也变得鲜活起来，他就是那种最优秀的员工，也是生活中最积极的人。

你是哪一类人？你的心态是怎样的？你是否乐观积极？你将会成为一个一无所有的人，还是一个优秀的人？对于美好事物的憧憬，能够直接反映出一个人的心态。有好的心态，才会有好的每一天。

著名作家沈从文曾经遭受过非人的待遇，他不止遭受批斗，还每天被罚打扫历史博物馆的女厕所。后来，他又被流放到多雨的湖北咸宁去接受劳动改造。

可是沈从文对这一切显得毫不在意，在咸宁，他给他的表侄写信说："这里的荷花正好，你若来……"

就这一句话，让苦难的日子在盛开的荷花面前失去了踪影，仿佛沈从文是在云游而不是接受劳动改造一样。这样一种洒脱的心境，从容的气度，对美好事物热爱的情怀，直接反映出他积极乐观的心态。

很多时候，影响一个人的并不是苦难，而是心态。如果一个人将自己沉浸在积极乐观的心态中，快乐之花就会在每一天里盛开。

Details

咖啡是苦的，人生却是甜的

人生都会有烦恼，但是我们仍然在不断地追求，不断地努力。那是因为在烦恼过后，快乐幸福的日子在等着我们。无论遇到什么样的困难，调整好心情最重要，开开心心地朝前走，相信一切都会越来越好。

人一生中总会遇到艰险，可是因为有亲人朋友的关爱，一切都变得可以解决，再苦再累的人生也都充满生机，变得快乐。就好像一杯咖啡，喝起来有些苦涩，可是细细品起来，苦涩变成了甜蜜。

咖啡是苦的，人生却是甜的，因为我们在不断重新认识自己，即使遇到挫折，只要不放弃，就会重新振作。伤口总会愈合，只要怀着一份快乐的心情，一切都会豁然开朗。

英特尔公司总裁安迪·葛鲁夫出身贫寒，经常缺衣少食。他那时候就暗自发誓，一定要出人头地。

大学期间，安迪不仅成绩出色，还充分展现出高超的商业头脑。他买回各种半导体零件，组装之后卖给同学，从中赚取差价。他组装的半导体比原装产品要便宜很多，质量还很棒，所以在同学中卖得很好。

让大家意想不到的是，安迪其实是个悲观的人，也许是因为出身贫困，他凡事都喜欢走极端，这样的性格特点在他以后经商的道路上表现得淋漓尽致。

这一次已经是安迪第三次破产了。黄昏时，他来到一条河边散步。想到去世的父母，想到自己辛苦创下的产业，他的心中布满阴云。他很苦闷，觉得自己的人生就是一出悲剧。安迪本想号啕大哭一场后跳进河里，这样就能立刻解脱，任何愁事都和自己没有关系了。就在这时候，河对岸走过来一位看起来憨憨的男青年。他背着鱼篓，哼着歌，一副快乐的神情，他就是拉里·穆尔。

安迪被拉里的情绪感染，不禁问道："你好，先生，今天你是不是捕了很多鱼？"

拉里开心地回答："没有呀，我今天一条鱼都没捕到呢！"

安迪不解，"一无所获，您怎么还那么高兴？"

拉里说："我捕鱼可不全是为了赚钱，更是为了享受捕鱼的过程。难道你没发现晚霞染过的河水要比平时美丽一百倍吗？"

就是这句话让安迪豁然开朗，就是这个对生意一窍不通的拉里在安迪的再三请求下，成了英特尔公司总裁安迪的助理。

很快，英特尔公司以奇迹般的速度重新崛起，安迪再次成为美国巨富。这期间，大家都对拉里提出过质疑，只有安迪知道他对自己有多么重要。安迪说：“的确，他什么也不懂，但是我并不缺少他懂的这些，而是缺少他在苦难来临时的积极乐观的态度，这种好心情总能感染我，让我不会做出错误的决策。”

对安迪来说，拉里就是咖啡里的方糖。没有他，咖啡显得分外苦涩；有了他，咖啡变得醇香。其实拉里代表了一种精神，他的积极和乐观告诉我们，咖啡也许是苦的，人生却是甜的，只要加上一点调味剂——乐观。

哲意人生 Philosophic life

人生犹如一扇门。有人悲观于门内黑暗，有人却乐观于门内宁静；有人忧愁于门外风雨，有人却快乐于门外自由。笑着面对悲伤，悲伤会化为动力；笑着面对忧愁，忧愁则化为快乐。生活需要快乐。其实，人生活的就是一种心态和心情。保持好的心态，人生就是快乐天堂。

自由扭动着滚圆的身体，
在咖啡色的梦里跳一支芭蕾。
哦，这只是一个午后的梦，
我在咖啡香里烘焙一种心情。

编织富足的人生

富足的人生是一种状态，活在当下，能看懂尘世。物质丰足永远不完全等于生活美好。但是一个人，如果有一颗快乐纯洁的心灵，就一定是富足的。

人真的没有来世，只有一世，即是当下，必须用心经营，这样才能充裕而富足，实现每个人心中的“美好生活”。但是，态度不同，得到的人生也不同，这就要求我们有一份好的心情，时刻让我们积极乐观、从容淡定。

知道生命的短暂和时间的珍贵，所以更加努力为身边的人带来幸福和快乐，更加用心去善待周围的一切，更加用功让事业和睦、家庭幸福……这样的人生，才更有滋味。

小蜗牛问妈妈：“妈妈，为什么我们和别人不同，为什么我们从出生起，就要背负这个又硬又重的壳呢？”

妈妈说：“因为我们没有骨骼，又爬不快，我们需要这个壳来保护我们。”

小蜗牛说：“可是毛毛虫姐姐也没有骨头，她也爬不快，为什么她不用背这个又硬又重的壳呢？”

妈妈说：“因为有一天，毛毛虫姐姐会变成蝴蝶，天空会保护她的。”

小蜗牛说：“可是蚯蚓弟弟，他没有骨头，也爬不快，为什么他也不背这个又硬又重的壳呢？”

妈妈说：“蚯蚓弟弟会钻土，有大地来保护他。”

小蜗牛着急地说：“为什么没有人保护我们？我们真可怜。”

妈妈安慰他说：“这就是我们富足的人生，我们不靠别人，不靠天，不靠地，我们只靠我们自己。”

小蜗牛笑了，它第一次觉得，有一个又大又硬的壳，是一件那么快乐的事情。

生活当中，又岂能尽如人意？用乐观的心情快乐地面对，人生就会更加充实和饱满。生活中真正的快乐，是心灵的快乐。

从前有一个人，生前一直行善积德，死后升上天堂，做了天使。他成为天使以后，仍然及时地去帮助人们，希望人们可以获得幸福。

这天，他遇见一名农夫。农夫看起来很苦恼，因为他家的水牛刚刚死掉了，没有牛，就没法犁田，他的粮食就没有收成了。于是，天使赐给他一只很健壮的水牛，他很高兴，天使在他身上感觉到了快乐和幸福。

人生是一张网，
由一天一天的光阴织成。
有的人织得太稀，他的人生往往过于漫不经心。
有的人织得太密，他的心里就会积下太多杂草灰尘。
我要织得疏密有致，编织清爽快乐的人生。

一天，他遇到一个男人，男人说，他的钱被骗光了，不能回家乡了。于是，天使赐给他很多钱给他做路费，天使在他身上也感觉到了快乐和幸福。

又有一天，他遇见一个诗人，那个诗人英俊又有才华，而且妻子美貌温柔，可是他过得不快乐。天使问："我有什么能够帮到你吗？"诗人说："我什么都有，但是就少一样东西，请你给我！"天使说："你要什么我都可以给你。"诗人望着天使开心地说："我想要幸福！"这可把天使难坏了，他想了很久，终于想通了。于是，他把诗人拥有的一切全部都拿走了，他的才华，他的容貌，他的财产，他妻子的性命。拿完这些之后，天使离开了。

一个月以后，天使再次回到这个诗人的身边。诗人已经饿得半死，衣衫褴褛地躺在地上痛苦地挣扎着。就在这时候，天使把一切都还给了他。之后，天使就离开了。半个月后，天使又来到诗人这里，他搂着妻子，不停地向天使道谢。因为他一直说："我已经得到幸福了。"

其实幸福也很简单，就是拥有并珍惜身边的一切，别到了失去的时候，才觉得拥有的幸福。富足的人生并不是指物质的，也不单指精神的，而是一种生活的态度。

Details

什么样的人最快乐

每天像无头苍蝇一般在找寻快乐的人，
最后总是一无所获。
原因是快乐并非无处不在，
而是要靠自己去制造。

英国《太阳报》曾以“什么样的人最快乐”为题举办了一次有奖征答活动。他们从征集来的8万多封来信中评出了四个最佳答案：

第一，作品刚刚完成，吹着口哨欣赏自己作品的艺术家；

第二，正在用沙子筑城堡的儿童；

第三，为婴儿洗澡的母亲；

第四，千辛万苦开刀后，终于挽救了危重病人的外科大夫。

这个活动非常有意义，它告诉我们，要想成为快乐的人：

第一，必须工作；

第二，必须充满想象，对未来充满希望；

想要做一只到太空旅行的猪，
那就不能只停留在空想。
行动起来，
快乐的梦想一定会实现。

第三，一定要心中有爱——那种无私的、不计报酬的爱；

第四，一定要有能力，要有助人为乐的技能。

只有这样的人，世人才会给他最美妙的报偿，正所谓授人玫瑰，手有余香。

每天面对烦琐、繁忙、烦人、烦闷的工作，你可能都没有想过这正是你快乐的源泉。工作竟然是快乐的基础？没错，只是很多人没有意识到这一点而已。正如佛家所说，佛不在别处，就在我们生活的一点一滴之中。快乐也不在别处或者别人那里，而是在我们的心中，在我们日常的工作生活中。

哲意人生 Philosophic life

如果你认为工作只是为了赚钱养家，那就是贬低了工作的价值。工作不只是赚钱，更重要的意义在于，从工作中可以得到自我肯定与生活的乐趣。要在生活中寻找快乐，首先要在自己的工作中找到成就感。

Details

我把快乐的钥匙放在哪里

生气也是要花力气的，
而且生气一定伤元气。
别让情绪控制了你，
当你又要生气之前，
不妨轻声地提醒自己一句——“别浪费了。”

每个人心中都有把“快乐的钥匙”，但我们却常在不知不觉中把它交给别人掌管。

一位女士抱怨道：“我的生活其实并不幸福，因为先生常出差不在家。”她把快乐的钥匙放在先生手里。

一位妈妈说：“我的孩子不听话，叫我很操心！”她把快乐的钥匙交在孩子手中。

一位男士说：“上司不赏识我，搞得我情绪低落。”他把快乐的钥匙塞到了老板手里。

一位老人说："我的媳妇不孝顺，我真命苦！"

一位年轻人从文具店走出来，对朋友说："那位老板服务态度恶劣，把我气炸了！"

……

这些人都做了相同的决定：让别人来掌控他们的情绪。

当我们容许别人来掌控我们的情绪时，我们便会对现状无能为力，抱怨与愤怒成为我们的唯一选择，感觉自己变成了受害者，于是开始怪罪他人："我这样痛苦，都是你造成的，你要为我的痛苦负责！"我们要求别人使我们快乐，似乎承认自己无法掌控自己，只能可怜地任人摆布。这样的人使别人不喜欢接近，甚至望而生畏。

一个成熟的人能够握住自己快乐的钥匙，他不期待别人使他快乐，反而能将快乐与幸福带给别人。他的情绪稳定，为自己负责，和他在一起是一种享受，而不会有压力来袭。

爱的反面不是仇恨，而是漠不关心。其实，我们身处的地方，不论是人、事、物，还是某种环境，都很容易影响我们的情绪，可是切记：不要因为他人的一句话而在意太久！

在职场中，如果我们把责任推给别人，就是把快乐的钥匙放在了别人手中。而想得到职场上的成功与快乐，一定要自己把握自己的命运。

有一句俗话："笑口常开笑天下可笑之人，大肚能容容天下难容之事。"你包容了别人，就超越了自我。

那么，自私怎么办呢？过于自私的人要放开自己。严重自私的人需要心理辅导和自我反省。为什么呢？一个人如果自私，会把自己燃烧殆尽。在谈判中，高手一定要让对方感到赢。而自私的人总是让人感到输。所以，有人说大方是最大的自私，诚实是最大的奸诈。凡事只要反过来想想，可能更容易想通。

哲意人生 Philosophic life

人生气10分钟耗费掉的精力不亚于参加一次3000米赛跑。人生气时生理反应十分剧烈，分泌物比在任何情绪时都复杂，且对身体伤害巨大。因此爱生气的人很难健康，更难长寿。情绪失调的人，生病的风险是其他人的两倍。

Details

幽默让不快乐走开

幽默是人类智慧的结晶，是一种高级的情感活动和审美活动。幽默能使他人更喜欢你、信任你，从而为你营造出更加和谐、轻松的社交环境。

幽默是什么？仅仅是一句可以引起大家捧腹大笑的诙谐的话吗？幽默的作用不仅仅是让人发笑，发笑只是它最肤浅的表现，幽默比笑更有深度，其效果远胜于咧嘴一笑。

一次，著名的钢琴家波奇在密歇根州的福林特城演奏时，发现大大的音乐厅中观众不到半数。见到这样的情景，他很失望，但他很快调整了情绪，满面笑容地走到舞台前对观众说：“看到这样的场面，我的第一感觉就是福林特城的人很有钱，看，你们一个人买了两个座位的票！”

观众们为波奇的妙语所打动，他的话音刚落，观众席上马上掌声雷动。观众瞬间就对这位钢琴家产生了好感，没有一个观众半途退场，大家都聚精会神地欣赏完了他的钢琴演奏。

正是波奇的幽默改变了他的处境，使他的演出十分成功。如果波奇看到观众稀少的场面而一气之下语出伤人，甚至一走了之，恐怕事情的结果只会是一拍两散。如果以这种态度处事，恐怕波奇永远也不会成为一名钢琴家。

在生活中会遭遇到尴尬的处境，这时如果用几句幽默的话来自我解嘲，就能在笑声中缓解尴尬的气氛，从而使自己走出困境。所以一位心理学家说："幽默是一种最有趣、最有感染力、最有普遍意义的传递艺术。"

据说爱迪生在发明白炽灯泡的过程中，失败了很多次。一个商人当众讽刺他是个毫无成就的人，众目睽睽之下，爱迪生没有恼羞成怒，反而哈哈大笑，说道："我已经有很大的成就了。谁说失败就不是成就呢？我至少证明了这一千二百种材料不适合做灯丝啊！"

当爱迪生最终发明了灯泡时，在一个大型的社交场合上，一位夫人态度傲慢地问他："请问爱迪生先生，您耗费这么多精力来研究这个小东西，它到底有什么用呢？"面对无知者对自己辛苦工作成果的否定和怀疑，爱迪生反而彬彬有礼地反问了一句："夫人，请问您能准确预测一个新生的婴儿将来长大了会有什么发展吗？"那位夫人听后，红着脸走开了。

很多时候，人们都会碰到这样的事：辛苦付出一时却不被人所理解，甚至还会遭到质疑、诽谤。当面对这种场合时，有的人气愤不已，面红耳赤地与人争辩，结果往往使事情越搞越僵，最后大家不欢而散，甚至还会埋下仇恨的种子。

而幽默正是化解人类矛盾的调和剂。幽默是一种艺术，是以一种愉快的方式调整人际关系。幽默是人际关系的润滑剂，它以善意的微笑代替抱怨，避免争吵，使你与他人的关系变得更加和谐。所以，幽默是一种力量，一种可以减轻压力、缓和人际关系、摆脱逆境的力量。

一位丈夫总是对妻子的行为百般指责。一次，丈夫因为一件小事情一连好几天对妻子都没有好脸色，妻子实在无法忍受了，她给丈夫写了一封“悔过书”。

亲爱的老公大人：

看到你连续几天生气，我心里很是心疼和不安，深知我的错误重大，现特向你作深刻检查。为此，我在闺房里反省了一小时八十三分钟零一百二十秒，喝了一瓶白开水，上了两次卫生间，但没有再化妆，以上事实准确无误，请审查。附上我的检讨报告，并请求宽恕。

经过一年多的婚姻生活，我认为老公同志勤奋聪颖，对老婆也疼爱有加，是不可多得的好老公。而身为妻子的我却不够贤惠，缺少温柔贤良，更不能得到老公的满意。以下是我对自己恶劣行径的剖析，请老公批阅。

1. 前几天的事情是我的错。你做的红烧肉虽然有点咸，但是香醇可口，我不该说你浪费了盐。我这么求全责备，完全是源于嫉妒之心，你想，一个女人都烧不出那么好的菜，你烧出来了，能不叫我嫉妒吗？

2. 你说你喜欢章子怡的时候，我不该随口说我喜欢李承铉，害得你两天不理我。仔细一想，我的回答确实很不妥当，因为你的花心还局限于中国，我却冲到了韩国。

3. 星期六你丢了一千块钱，我知道我不该埋怨你，换成我，可能将另一个口袋里的两千块也一起让小偷拿去了。

4. 上次你买来一只野生甲鱼，我不该信誓旦旦地冒充大厨，结果你帮厨时欢呼雀跃，闻味时垂涎欲滴，吃的时候却唉声叹气，对于你脆弱的心理而言，我烧的菜不该给予你打击，这换做任何一个人都是难以承受的……

丈夫看了这封信以后，不仅被妻子的幽默给逗乐了，同时也对自己的行为进行了反思。从那以后，他在家里不再处处指手画脚，对妻子也多了一些体贴和疼爱。

幽默可以让你在烦恼、痛苦、忧虑、紧张的情绪中先舒缓一下神经，更全面地分析问题，更理性地处理问题。所以列宁说："幽默是一种优美的、健康的品质。"

Details

音乐是减压的好法宝

音乐是上帝赐予世人的美好礼物。紧张了一天的神经，可以在音乐中得到放松；压抑了数天的悲愤情绪，会在音乐中得到宣泄；发自心底的快乐，也能在音乐中获得飞扬。

尼采说："没有音乐，生命就没有价值。"音乐对于人类有一股神奇的力量，它的魅力能冲破一切界限，让心灵迸发出火花。优美的音乐，就像是一首优美的诗，又像是一个瑰丽的梦，更像是美人儿迷人的眼睛……只要用心去聆听、去感觉、去体会，心情一定会变得很好，没有杂念，只有惬意。音乐可以减压，音乐可以缓解疼痛，音乐可以激发热情，音乐更能帮助你营造宁静的心境。

德国科学家马泰松经过多年的研究发现，有一种现象叫"莫扎特效应"：听一曲莫扎特的乐曲，将会增强人的大脑活力，让人的思维更加敏捷，行动更有效，甚至还可以缓解癫痫病人的病情。几年前，研究者证明，在IQ测试中，听莫扎特乐曲的受试者得分比其他人更高。

马泰松致力于音乐疗法几十年，他发现，经常聆听舒缓音乐的人，大都举止文雅，性情温柔；喜欢低沉古典音乐的人，相互之间能够做到和睦谦让，彬彬有礼；喜欢浪漫音乐的人，思想活跃，热情开朗。他因此得出这样的结论：音乐不仅能给人以艺术的享受，而且有益于健康。的确，音乐与世界、音乐与人性的奥秘，也许就在于它能在如水一样的流淌中，使我们的灵魂得到升华。在心随乐动的过程中，似乎每一个细胞也随之律动起来、跳跃起来，于是生命也更加年轻。

在一个小区的活动室里，许多老年人聚在一起打牌、下棋，消磨漫长的下午时光。一位瘦小的妇人站在墙边，她穿着黑色的涤纶便装，花白的头发在脑后绾成一个髻。她没有参与到任何活动中，也不说一句话，只是静静地看着其他人玩耍。

这时，从广播里传来一段舞曲，于是，意想不到的一幕出现了。那个老妇人仿佛没有意识到身边有人一样，开始摇摆扭动身体，她打着响指，扭着臀部，踏着轻盈优雅的舞步，向后、跳步、滑步。老人一下子像是年轻了十岁。当她转到门前时，突然停住了，恢复了原来的端庄，一脸严肃地走了过去。她又变成了那个缩肩弓腰的老妇人。

很显然，音乐是有魔力的，它可以让衰老的人重新找回年轻时的活力，它可以让患病的人重新燃起对生命的渴望，它可以让郁郁寡欢的人重新找到快乐的理由。很多时候，我们可以用音乐来给自己减压。

艾琳是外企的一名高管，她的丈夫是政府的一名高官，工作非常忙。所以，艾琳在工作的同时，还要照顾家庭，压力很大。可奇怪的是，哪怕艾琳一直忙到周六，也显得特有精神。有同事向她讨教其中的秘诀，她告诉同事说，自己只是会调整而已。艾琳所说的调整，就是利用音乐来舒缓身心，放松自己，让自己始终保持旺盛的精力。每天清晨，艾琳在古典音乐中醒来，轻柔的音乐让艾琳心情好极了，头脑也更加清醒。新的一天就这样开始了。

对一般人来说，在上下班的路上，嘈杂和拥挤足以让自己一天的心情变得更烦躁。但是，艾琳却不会这样。她在汽车里放几盘喜欢的CD，在上下班的路上，特别是在交通堵塞的时候，她会摇上车窗，打开CD，在汽车里享受一段属于自己的美好音乐时光。这样，也能让音乐完全消灭因塞车而产生的坏情绪。

回到家，作为一名家庭主妇，艾琳还需要掌勺做饭。对于很多朝九晚五的上班族来说，下班后太过疲倦，一般都懒于烹饪，但艾琳却不是这样，在她看来，下班为家里人做一桌可口的饭菜是非常愉快的事情。在烹饪时，艾琳也会播放一些比较轻松的音乐，她甚至会跳着舞步炒菜，总之，艾琳将一般人苦恼的家务杂事变得十分轻松自在。艾琳说，有音乐相伴，生活中多了一份惬意和开心，少了很多疲劳和压力。

让我们在音乐声中尽情地体验生命的和谐、美妙。心灵受到音乐洗礼之后，内心就会多一些静谧，人生也会多一些快乐。

Details

给心灵加一个“过滤器”

人的一生充满了风风雨雨，而我们总是被自己的经验以及固定的想法包围着，没有任何放松的机会，就如同一台机器一样，每天都在超负荷地运转，总有一天会散架。因此我们得学会给自己的心灵加一个“过滤器”，筛掉所有的烦恼和不幸，过滤掉所有的忧愁和痛苦，只有放下这些沉重的思想包袱，轻装上阵，才能在人生道路上快乐地前行。

人生道路并不总是富有诗情画意，实际上，在人的一生中，美好、快乐的体验往往只是瞬间，占据很小的一部分，而大部分时间则伴随着失望、忧郁和不满。人生中有许多苦痛和悲哀，如果把这些东西都储存在脑海中的话，人生必定会越来越沉重，甚至让你举步维艰。

曾经有一位心理学家做过这样一个试验，在一艘船上，他建议一些总感觉心情沉重的人走到船尾去，向大海倾诉。面对波涛汹涌的海水，把自己的一切烦恼都吐到海水中，直到自己觉得心里舒畅了为止。

结果表明，这种方法确实很有效，很多人都告诉这个心理学家，自己的心情真的得到了一次前所未有的清洗，心中的烦恼好像真的被过滤掉一样全部烟消云散。

在上面这个实验中，难道烦恼真的能像东西一样，被过滤掉吗？这是不太可能的。心理学家只不过是找了一种方法来让这些心情沉重的人发泄自己的郁闷心情，发泄完了，心情也就轻松了，烦恼也随之消失。

是的，要想成为一个快乐的人，就应该经常给自己的心情做一做过滤，一个好的司机不会把车开得太快，一个好的琴师不会把琴弦绷得太紧，而一个善于用表的人也不会把发条上得太紧，一个人如果不能清除困扰自己心灵的情绪残渣，那么就会活得很累很累。

张雅玲是某公司的一名员工，性格有些多愁善感，遇到一点挫折就垂头丧气，总是怪自己太笨了。有时候是工作难度大了，有时候确实是事出有因，有时候是她对自己的要求太高了，可她从不考虑这些因素，只要一遇到不顺心的事，她就一个劲地埋怨自己，刚开始朋友还会来劝她，可总是这样，弄得大家也都没有了好心情和耐性，干脆都不去理会她。久而久之，她越发感觉被人冷落了，结果抑郁成疾……

可见，人生在世，总会遇到这样那样的困境，但是我们要学会调整，自动过滤掉生活中那些不必要的烦恼。如果像张雅玲那样，总爱把那些微不足道的小事放在心上，只会压得自己喘不过气，甚至抑郁成疾。

生活是公平的，没有绝对的幸运，更没有彻底的不幸，别人有这样的好运气，你就会有那样的好机会。在遇到困境的时候，我们应该用一颗积极的心去面对。毕竟，人生不经历一些风风雨雨是不可能的，想要忘记艰辛和烦恼也是不可能的，所以，千万别让自己活得那样沉重，如果一个人总是背着沉重的十字架过一种充满焦躁、愤懑、后悔的生活，不仅对身心无益，还会白白浪费眼前的大好时光。所以，要想成为一个快乐的人，就应该给自己的心灵加一个“过滤器”，学会筛选，学会减压。

露丝的丈夫车祸去世后，露丝变得异常烦躁、易怒，她抱怨生活太不公平，她害怕孤独，害怕寂寞。独居两年后，露丝的脸变得硬邦邦的。

有一天，露丝开着车路过拥挤的小镇，忽然见到一处她喜欢的围栏被拆了。这处围栏颜色灰白，雕刻得十分精致，虽然已有很多年的历史，但仍然透露出一种说不出来的高贵气息。过去露丝和丈夫十分喜欢，经常把车停在路边慢慢欣赏。如今马路拓宽，这处围栏也被拆除掉，露丝感到十分心痛，觉得种种美好的东西似乎都在慢慢离她而去。

围栏后的院子现在变成了一块小草坪，错落有致地绽放着五颜六色的花朵。露丝注意到一个系着围裙、身材瘦小的女人在侍弄鲜花，修剪草坪，神情是那样的平静、自然。

露丝在路边停下车，久久地凝视着那块草坪。草坪里美丽的花朵几乎令她流泪。她索性将车熄了火，走上前来，观看那些花朵。它们还散发着芬芳的气味。她看见那女人正开动一台割草机，修剪草坪。

“喂！”露丝喊着，一边挥着手。

“嘿，亲爱的！”那女人站起身，在围裙上擦了擦手。

“我在看你的花儿，真是太美了。”露丝激动地说。

“来，在门廊上坐一会儿吧，让我告诉你有关花的故事。”那女人熄灭了割草机，朝她微笑道。

“这些花其实并不是一直就有。”那女人直率地说道，“我独自一人生活，原来院子是用围栏围起来的，因为马路拓宽，就把围栏拆除了，我就在草坪里种上各种花儿。现在有许多人到这里来，他们见到这花朵后便向我挥手，有几个人像你一样，甚至走进来，坐在廊上跟我聊天。”

“可院子前的路加宽后，围栏被拆了，草坪也变小了，你难道不介意吗？”露丝问。

“变化是生活中的一部分，当你不喜欢的事情发生后，你面临两个选择：要么痛苦，要么忘掉痛苦。其实拆掉那道围栏，我在这儿种上花，因此也让我结识了很多朋友，生活不再孤独。”那女人说道。露丝若有所思……

是的，过去的已经过去，为过去哀伤，为过去遗憾，除了劳心费神，分散精力，没有一点益处。我们应该像那个女人一样，精致的围栏拆掉了，我们还能种花，甚至结识更多的朋友。忘掉往事，忘掉不幸，让过去的烦恼统统过滤掉，这样剩下的就全是快乐。

六月的一天，天气十分炎热，有一个小和尚在禅房门口看到师父端坐在烈日下大汗淋漓。小和尚非常惊讶地走向前去，低声问道："师父，你在干什么？"

"没什么，我正在沐浴呢。"师父心平气和地说。

小和尚觉得十分困惑，他出去走了几圈后还是不解，就又回来问师父："师父，我没有看到水啊？"

"我是在沐浴、洗涤心灵，你当然看不到了。"师父静静地回答。小和尚更奇怪了，就又问："怎么才能让自己的心灵沐浴和洗涤呢，师父可否开导一下弟子？"

师父说："点燃一颗平静的心，在自己的心底煮开半锅水，再过滤掉虚荣、浮华、自大等病根，就可以给心灵沐浴了。"

是的，给身体洗澡，可以洗去肉体的灰尘；为心灵洗澡，方能洗去心灵的污垢。当你的心灵不堪重负时，为何不给自己找一个空间，在冷静的反思中给心灵洗一个澡？只有学会给心灵洗澡，过滤掉心灵中的污垢，才能清空烦恼，重拾快乐。

人生不可能总是坦途，不如意的事情十之八九，这时候就得坦然地面对生活，多调整自己的心态，千万别跟自己过不去。人要学会给自己的心灵加一个"过滤器"，过滤掉所有的忧愁和痛苦，筛掉所有的烦恼和不幸，对自己好一点，不要跟自己过不去，要知道世上没有翻不过的山，更没有过不去的坎。

Details

忘记身外之物，让心灵真正快乐

人们对于钱财等身外之物的追求就像是登山，到了山顶，才发现前面还有更高的山。“一山更比一山高”，山是永远登不完的，钱财也是永远无法赚完的，如果你无法忘记这些身外之物的诱惑，执意要登上山顶，那么唯一的可能是，你永远无法让心灵真正得到快乐，永远是一个行色匆匆的赶路人。

佛语说：“钱财乃身外之物，生不带来，死不带去。”但是在这个物欲横流的社会，人们对这些身外之物的追求却异常狂热。为了得到金钱、地位、荣誉等这些身外之物，他们孤注一掷，甚至不惜牺牲一切。

得到了这些身外之物就会快乐吗？事实并非如此，欲壑难填，永远地走在追名逐利的路上，心灵的包袱会十分沉重。只有忘记这些身外之物，心平气和地享受人生，做一个知足的人，心灵才会减负，这样的人才是一个真正快乐的人。

杨光是一个默默无闻的推销员，他没有受过很好的教育，背井离乡的生活让他感到孤独、无助。他曾经想过各种死的方式。有一次他想从宿舍的窗口跳出去自杀，为了鼓足勇气跳出窗子，他喝了很多酒。由于喝得太多，他醉倒在窗旁一直睡到天亮。第二天早上醒来时，他对自己感到更加失望。

有一位朋友看到他的境况很为他担忧，于是建议他重新评估自己的生活。这位朋友问杨光："假如你想拥有一个制造冰激凌的工厂，当你真的拥有它时你发现它生产的不是冰激凌，而是碳酸，你怎么办？"

杨光疑惑地摇摇头，朋友接着说："每个人都有自己的思想工厂，这家工厂就在你的心里，你是厂长，你可以主宰这家工厂。想想吧，你是怎么管理这家工厂的，看看吧，你的工厂里生产的是些什么东西——孤独、悲伤、畏惧、愤怒、自卑、哀怨、不快乐和贫穷。你的思想工厂一团乱麻，生产的也只是一些废物，这些废物不光耗费你的精力，还占用了你思想的空间。"

那一夜，杨光久久不能入睡，反复思量朋友的话。他突然意识到，自己不能这样活下去，自己要转变想法，改变活法。不要总做自己的敌人，尝试着做自己的朋友。要相信自己，相信心里想什么就会有什么。

说实话杨光赢得了这场战争确实不容易。他决心要让自己的思想工厂生产有用的东西——充实、勇气、宽容、快乐、怜悯、公正、慷慨、爱和友善。拒绝生产废物，当然这需要很大的勇气和力量。

他时刻提醒自己不要变回过去那个自卑的可怜虫，他做到了，他在不断进取的过程中不仅获得了成功，也收获了快乐。

每次杨光战胜了一个小困难后，他都会给自己一个奖励：去酒吧放松一下自己；去品尝一些美食；或是买一些啤酒和朋友一起庆祝。杨光在进取中体会快乐，他感觉所有的一切都是那么美好，生活、工作都是那么阳光灿烂，他的精神焕发着夺目的光彩，这让他每天都过得充实而快乐。

人生好比是一匹奔跑的马，如果被拴上了绳子，在功名利禄的诱惑下，它只顾卖力地奔跑，哪还会有时间停下来欣赏路边的风景？

所以，忘记那些身外之物，这才是心灵真正快乐的途径。

高清杨和一个年纪比自己大的朋友相约登山，因为担心缺食少水，高清杨在爬山前准备了一个大背包，吃的、喝的、用的无所不有。朋友看了看他鼓囊囊的背包，笑着提醒他说：“包袱太重，就不能轻装上阵。”高清杨不以为然。

刚开始，高清杨还能亦步亦趋，紧跟在朋友的身后，边走边和朋友讨论事情。不一会儿，高清杨就感到有些吃力了，于是他问朋友：“你比我年纪大那么多，为什么走起路来却健步如飞，而我却越来越吃力呢？”

朋友说：“放下包袱，只有这样你才能轻装上阵。”

高清杨观察了一番，发现一路上泉水叮当，看来水是不用背了，于是就把背包里的水壶掏出来放在路边的石头上。

又走了一段路程，高清杨发现自己竟然被朋友落下一大截。朋友回头看了看他说："放下包袱！"高清杨虽然有点舍不得，但看到朋友坚定的目光，就索性将背包里所有的食物都拿出来扔在路边，但高清杨还是落得越来越远了。

朋友再次说："放下包袱。"高清杨大惑不解："我已经把包袱全掏空放下了，怎么还让我放下包袱呢？"朋友笑了笑说："你身上的包袱是放下了，但心里的包袱依旧存在，心里的包袱，往往比身体的包袱更可怕。"

高清杨愈加不解："你怎么知道我心里还背着包袱呢？"朋友说："很简单，因为既然放下了，就忘记它，不要再回头看。"

朋友的一句话，道出了放下的真谛，何谓真正的"放下"？甩掉心理的包袱，忘掉那些身外之物，不再回头看，即为放下。

这个故事说明了，如果你无法忘记那些身外之物，背着沉重的心理包袱，那么你永远无法快乐前行。

经常听到有人抱怨：生活太累，物价太贵，工作太无趣，无论走到哪里，身上都背着沉重的包袱，压得自己喘不过气来。但是不知你想过没有，真正使我们身心不快乐的是那些心灵的包袱，你无法忘记这些，所以你活得不快乐。蜗牛爬得很慢，是因为它背着重重的壳；人活得不快乐，是因为心里无法忘记那些身外之物。

所以说，忘记是对痛苦的一种解脱，是对自我的一种释放。在人生的旅途中，要学会让那些功名利禄不再萦绕于脑际，让心中曾经不快乐的印记消失殆尽。如果我们善于忘记，将身外这些沉重的包袱、无形的枷锁统统卸载，那就会给我们带来心境的安宁和精神的轻松，就会活出最快乐的自己。

“往事如烟俱忘却，心底无私天地宽”，其实人生一切痛苦的根源，都是对于钱财、地位、荣誉等这些身外之物的追逐。无休无止的追逐把人折磨得就像沙漠中的一粒沙子，想要找一个出口，却不断地迷路。有的人无法忘记这些，弄得自己终生忙忙碌碌，生命也因此匆匆忙忙，毫无快乐可言，其实人生根本不需要活得这样累，“心无杂念一身轻”，忘记了身外之物，你就能让心灵真正得到快乐。

哲意人生 Philosophic life

一个人应当守住自己的生命重心。这重心落在身外之物上是很难守住的，只有归置在非身外之物上才真正不可动摇。什么叫身外之物？身外之物就是他人能给予、他人也能夺走的东西，金钱、财物乃至职位、身份都属于这类东西。什么是非身外之物？非身外之物就是他人不能给予也不能夺走的东西，一个人的品德、操守及富有创造性的智慧都属于身内之物。

Part 05

让自己从优秀到卓越，不辜负，不将就

当一滴水遇到海洋，

慨叹海洋的广阔，

是因为她走过了小溪、江河，

有了比较才知道什么是更大更广。

从优秀到卓越，是一个过程，一种升华。

做到优秀的时候,你感觉到“很好”；

做到卓越的时候你才会说“还可以更好”。

招 聘

Details

做一只有气质的狗熊

气质美，无关容貌，关乎内在。气质美，美在自信，美在内心的真诚和善良。不断地丰富自己，做一个有气质的人吧。

有的人给人感觉亲切大方，有的人给人感觉优雅随和，这都是一个人气质的体现。气质是人的内部修养，可以通过学习一步步获得。气质不是肤浅的东西，若是胸无点墨，再华丽的服饰也不能让一个人真正获得好气质。想要做一个有气质的人，就一定要不断提高自己的学识、品德，在生活中不断丰富自己。

气质是一个人散发出来的魅力，妆容也许能改变一个人的外貌，却无法掩饰他空洞的内心。好的环境、好的心态、积极的学习态度和进取精神都能提升一个人的气质。

有时候，我们骂一个人笨，通常用“狗熊”这个词。你怎么笨得像狗熊一样？这是有由来的。每到了收获的季节，就会有许多狗熊从林子里跑出来，到玉米田里偷玉米。狗熊有个习惯，在进入玉

风度翩翩，
我是公认的Gentleman（绅士）。
我可不是那只爬树、掰玉米的狗熊，
请注意，我气质高雅。

米田里以后，掰下第一个玉米会放在左手臂的腋下，然后再去掰第二个玉米，再夹在左手臂的腋下。如此反复……你猜狗熊一共偷走了几个玉米？答案是：一个。因为每次它张开手掌去掰新玉米时，之前掰的那根玉米就会掉到地上……如此反复。果然是够笨，只是狗熊自己并不知道而已。

生活中，很多人都在扮演着“狗熊”的角色。我们一般都有这样的经历，从出生到参加工作，差不多要读20年的书。在走向社会以后，把过去20年的东西逐渐忘光。

做过学生的都有这样的经历，每次只要考试结束，恨不得把书本给扔了。更别提里面的知识了，早已经抛在脑后。知识很多时候都是只用在考试，其他的时候再无它用。年复一年，我们都成了东北的狗熊，以为自己是在不断掰新的玉米，其实一无所有。无论是做人还是做熊，若当熊，就要当一只有气质的狗熊；若当人，就要当一个有气质的人，所以终生学习对每个人来说都很重要。

时下，我们每一个人，无论是同学还是老师，都应该努力学习，不断地充实自己。虽然也会遗忘自己学到的东西，但是这并不是重点。重点在于，当你走出了这片玉米地，你身上获得了多少学习的能力，你算不算得上是一只有气质的“狗熊”。

Details

学来的东西就是自己的

学到了就要用，就像看一本励志书，之后一定要亲自实践一番，才能真正了解其中的真谛。学到的东西就是自己的，只要在脑海和实践中稍加转换，就会成为你人生的利器，助你实现理想。

人的一生是学习的一生。小时候的学习是为了顺利和社会接轨，工作时候的学习是为了提高自己的竞争力，为人父母时的学习是为了养育后代，老了依旧在学习或许是因为已经养成了习惯……学来的东西就是自己的，也许每个人学习的方式不尽相同，处理问题的方法也没有共同之处，但学习总能让人受益匪浅，让人变得睿智。

学到的东西，不仅要烙在脑海里，更要应用在实践中。这个世界上，别人唯一偷不走的东西就是知识。因为有知识，视野更开阔；因为有知识，思维模式变得更开放。学习让人进步，让人充实，让人博学多才。

小的时候，爸爸常常这样告诉我："你学到的东西，就是你的东西！"乍一听来，这是一句再朴实不过的话，不知道这世界上有多少人耳朵旁边都飘过这句话，可就是这样一句话，一直激励着我，影响着我，像一个良师益友一样陪伴着我，让我养成了随见随学并且善于思考的好习惯。

每个人的学习方法可能都有所不同，但是，永远要有一个信念作为支撑，那就是"学来的东西就是自己的"。在我多年的生活和工作经历当中，我更能深刻体会这句话的内涵。它让我提高了修养，完善了品德，各方面都有所提高。

那时候我还在上小学，家住在一个电厂附近，但是小学在炼油厂附近，中间有几公里的路程。爸爸因此特地为我买了一辆飞鸽自行车，那时候的自行车不像现在都是组装好的，那时候都是配件，要靠自己组装才行，也许是出于男孩子活泼好动的天性，我每天都围着爸爸来回转，想研究那些螺丝、螺母都有哪些作用。爸爸从来不嫌我烦，更不怕我把零件弄丢，而是把螺母放到我手里，特批我可以和他一起装好这辆自行车。

也是那个时候，我才知道，原来自行车有那么多零件，链条啊、脚踏啊……车架什么都装完之后，就剩下零碎的小件，经过一番努力，只剩下两个轮子没有装。因为要编链条，如果编不好把位置搞错，就要重新再来，表面上看起来很简单的链条，编起来其实很麻烦。

爸爸逗我说：“你自己试试看，我们一人一个车轮，看看谁能装好！”

我一听，乐了，这可是我梦寐以求的机会，然后露胳膊挽袖子地开始折腾。一分钟过去了，一小时过去了，一下午过去了……我累得腰酸背痛，可是链条还是没有编好。我坐在那里，仔细盯着爸爸编好的链条，研究了很久，到了晚上，终于装上了。那种发自内心的喜悦和获得成功的自信，难以言表。

后来，爸爸无论做什么事情都教我在旁边看着，并且认真地教我。他是一个转业兵，在那个生活艰苦又物资短缺的年代，他练就了一身本领，木工、电焊、水管、烹调，几乎什么都会，在我心中，他简直无所不能。家里从前都没有家具，但是爸爸让整个家一点点充实起来，都是他手工完成的。就连我用的小铅笔刀，都是他给我做的。而妈妈，也是动手能手，她经常给别人缝补衣服，练就一身好本事。我和妹妹也经常会帮着锁个裤边，缝个纽扣之类的，时间久了，头脑更加充实，手也更加灵巧。

如今，我已经参加工作，在汽车厂当一名高级技工，除了做好本职工作，我还继续着自己设计的爱好。有闲暇的时间，我会写作，学习摄影知识，争取在有生之年掌握更多的知识和技能，为生活增添色彩，因为学到的东西都是自己的。

Details

智慧可以移植

善于把别人的优点转化成自己的长处，就能成为聪明的人；善于把握人生的机遇，并逐步向成功靠近，就能成为优秀的人；善于学习新知识，并转化成自己的知识，就能成为卓越的人。向最好的人学习，可以收获最好的自己。

大千世界，芸芸众生，生来就智慧非凡的人毕竟是少数，通过后天努力而变得智慧的却大有人在，这类人尤其值得褒奖，因为他们的智慧，大多来自于努力学习。社会中的每个人都是一个个体，有独特的生活方式和行为准则，有时候大家会这样形容一个人：很不错，我们都很喜欢他！若能从这样的人身上学到一些东西，我们也会和他一样被人爱戴。别忘了，智慧是可以移植的，只要肯学习，我们也能成为这样的人。

智慧并没有想象中那么神秘，但它确实需要更多的思考和感悟才会获得，在不断的发掘之后，才会显现。从智慧的人那里学习到优点，自己也能成为一个智慧的人。

一直以来，眼睛、鼻子、耳朵和嘴巴都是个其乐融融的大家庭，这一天，他们突然开始相互“争功”。

眼睛说：“我能看见各种东西，若没有我，人就什么都看不到了，论功劳，我最大。”

鼻子说：“眼睛没了还能走路，人照样能做事情，但是没有我，人就会停止呼吸，马上死亡。论功劳，我最大。”

耳朵说：“没了我，人就听不到声音，论功劳，我最大。”

嘴巴说：“你们都没资格和我争，耳朵能听到噪声，鼻子里有许多灰尘，眼睛瞎了就没用了，所以，论资格，我最大。我能吃饭能说话，还经常帮鼻子喘气。”

鼻子反驳：“你帮我吸进了脏的空气，让人的生命缩短。”

眼睛说：“嘴巴你说脏话，还有资格争论？”

他们一直在吵，吵到天黑也没吵完，因为他们只看到了自己的长处，却忽略了别人的长处。解决问题的方法很简单：多看看别人的长处，多学习学习别人的长处。智慧是可以移植的，三人行必有我师。

有句话说：一个聪明人能拜一切人做老师。众所周知，学习是我们实现成长的主要途径之一，向别人学习，更是学习中的一个重要方面。而从周围的人开始学起，更是“移植”智慧的绝佳方式。

狼部落和虎部落一直居住在古希腊的奥林匹斯山下。狼部落之所以叫狼部落，是因为他们部落里的人聪明，在分工的时候团结一致，分工明确；虎部落之所以叫虎部落，是因为他们每个人都很勇猛，任何一个单独出来都是骁勇善战的勇士。两个部落里的人都以狩猎为生，所以奥林匹斯山上的野兽和泉水就是他们的粮食。

最近，两个部落里的首领都发现了一个问题：奥林匹斯山上的野兽变少了。两个部落的首领都感觉到即将面临的生存危机，于是，狼部落首先开始召集部落里的智者，大家一起商量日后的生存问题。通过表决后，狼部落一致同意，以后要有目的性地种植植物，等植物成熟，他们就可以依靠植物为生，然后把狩猎回来的野兽贮存起来。

这时候，虎部落也开始召集部落人群出来商量怎样应付野兽变少的问题。有人提出可以搬家；有人说可以到更远的地方进行狩猎；也有人说可以和狼部落决斗，然后划分各自的狩猎范围；还有人提出，要少配给食物给老弱病残的人。可想而知的，这些想法都被一一否决了。首领最后提出一个建议得到大家的一致认可：在每个月圆之夜加一次狩猎，但不猎杀动物，把猎物活捉回来圈养。老弱病残的人可以去照顾动物，其他人还是按照从前那样狩猎。

日子一天天过去，山上的野兽越来越少。虽然狼部落和虎部落首领的意见都解决了一些问题，可是生存形势日益严峻起来，他们需要找到其他更好的解决办法，不然早晚都要被饿死。

就在狼部落的人心急火燎的时候，虎部落的一只小羊羔跑到了他们的周围。狼部落中的守卫并没有把那只可怜巴巴的小羊羔还给对方，而去寻找小羊的老人也看到了狼部落里种植的植物。很快地，老人把这样的消息告诉给了虎部落的首领，同时建议首领等到奥林匹斯山上的种子成熟以后，部落里的妇女和小孩都去采摘种子，天气好转后即刻播种。老人的建议被部落首领采纳，第二年春天，虎部落的田野里也到处是蔬菜。

也是在那次发现小羊羔之后，狼部落的守卫把这个事情告诉了首领，于是，就在虎部落首领带着部落的人忙着采集种子的时候，狼部落正在修理牲畜圈，同样是在第二年的春天，他们看到圈里的野马生下一只可爱的小野马。

以后，两个部落的首领再也不为食物担心了，他们都过上了富足的生活，这都要感谢从对方部落里“移植”来的小智慧。

哲意人生 Philosophic life

学习这件事不在乎有没有人教你，最重要的是在于你自己有没有觉悟和恒心。无论是生活还是工作，一切社会活动都与学习相关，所以人们生存的第一要义就是学习和理解。懒于学习的人，实际是在选择落后，实际是在选择离开。

亲爱的小熊下水抓鱼吧，
昨天你是怎么逮住它们的？
快教教我！
你知道吗？
这条小溪里的鱼一定是整个森林里最狡猾的家伙。

Details

学着坚强，学着感谢，学着长大

人生也许并不完美，我们也许会被命运捉弄，从而败下阵来，可是新一轮学着坚强学着感恩的勇气又在催促我们前进，因为我们都知道，前方不止有乌云密布，更有万里晴空，年轻，就要奋斗、奋斗、再奋斗！

学着不哭，用坚强来使自己羽翼渐丰；学着感谢，让宽容陪伴自己一路成长。人的一生，是不断学习的一生，我们要学会忍受痛苦、控制感情，做到处变不惊、坦然以对，这样才能学会成熟。

为了长大，在坚强中自强，在把握中思考，在锻炼中成熟，这样，你的生命会像金子一般闪闪发光。

7岁那年，他便在台北百货公司的魔术专柜前流连忘返，对于专柜前表演的奇幻魔术深深着迷。于是，他用零花钱买下了人生当中第一个魔术道具——“空中来钱”。

至此，这个少年开始在课堂上偷偷练习着“空中来钱”的魔术。有一次他在课堂上练习时，一个不小心让硬币滚落到了讲台边上，老师非常气愤，当场没收了他口袋里的全部硬币。少年羞红着脸，站起来奶声奶气地说了一句："老师，我要成为一个魔术师！"

少年的话使全班同学哄堂大笑。受了委屈的男孩回到了家里，对父亲说："爸爸，我的梦想是成为一位魔术大师，但是班里的同学却嘲笑我……"他的话还没有说完，气急败坏的父亲就跺着脚朝他大叫："你在做梦吗？"

但是他瞒着父母，仍然沉浸在对魔术世界的痴迷中。当同龄人还在玩捉迷藏时，这个男孩却在各大商场的魔术专柜前悄悄学习魔术表演，用好奇的钥匙一次次地去解开魔术的谜底。

因为对魔术的痴迷和热情，他遭到了父母的打骂、同学的冷落、邻居的嘲笑。人们说，这个整天胡思乱想的小孩是不是疯了？有一天，内向羞怯的他突然站在讲台上宣布："我的魔术梦想不会远了！"同学们哄堂大笑。在同学们的嘲笑中，他开始表演神奇的货币穿盒之术，表演结束后，教室里面响起了阵阵掌声。他的表演非常成功，轰动了全校。

为了练好一个动作，他在家里面反反复复练习了上千遍。为了让自己的一双手在魔术表演中"呼风唤雨"，他在家里用瓶瓶罐罐研究化学实验，有一次还险些酿成大火，滚滚浓烟引来了消防车。

12岁那年，他去参加儿童魔术大赛。在与数百名强手的竞争中，他脱颖而出，获得了国际魔术师大卫·科波菲尔颁发的大奖。

他把奖杯高高举过头顶，父母惊讶地张大了嘴："看来，我们得尊重这个孩子的梦想，并帮助他去慢慢实现了。"

16岁时，他认识了职业魔术师徐先生，徐先生告诉他："魔术并不是闭门造车，魔术同这个世界一样，奇妙无比。"在徐先生那里，他的水平得到了非常大的提高。

22岁那年，他读大三，第一次参加国际魔术比赛便获得了第二名。那次比赛，他的父母陪他去了。在台上，他举起奖杯，朝台下的父母深深地鞠了一躬，父母的眼泪一下子夺眶而出。他对父母说："爸爸，妈妈，我离梦想不远了，我要获得第一！"这一次，父母相信了他。后来，他一口气5次夺魁。

后来，他征战世界各地的魔术表演大赛，获得了十多次国际性大奖，成了著名的青年魔术师。有人称这个"魔法无边"的年轻人为现实版的哈利·波特。而这个年轻人，又在今年的央视春晚上，表演了让人叹为观止的魔术《魔手神采》。他就是在春晚上令全国观众最为津津乐道的年轻魔术师——刘谦。

是什么激励刘谦在通往魔术大师的道路上不断探索和奋进呢？刘谦说，就是因为儿时被嘲笑的梦想，才让他一天一天地去努力进取，最终摘取了魔术王国的桂冠。

被嘲笑的梦想，如果不放弃，就会迎来实现的那天，让心怀梦想的人得到命运的馈赠。

Details

妈妈说我是一只海鸥

请把自己也当成一个“笨小孩”，用努力和辛勤耕耘未来。在你的精心照顾下，每一粒种子都会发芽、开花，每一滴汗水最终都会变成枝头的累累硕果。

有一种人，成功的原因就只有一个字——笨。因为笨，所以接受了更多难听的指责；因为笨，所以付出了比别人更多的努力；因为笨，所以从来不曾放弃坚持。正是因为这样的“笨”，最后才赢得成功和别人的尊重。有句话形容这样的人说：老天偏爱“笨小孩”。

自以为聪明的我们，放弃学习和努力的原因是什么？面对舒适的人生，我们是不是在无形间变成了“寒号鸟”，只想着得过且过？而那些时刻有忧患意识的“笨蛋”，却以他们的方式努力着，这是一个俗透了的“龟兔赛跑”的故事，然而，结果从未更改——最努力的那个，一定笑到最后。

飞！飞！飞！
我张开前蹄，
乘风而起。
我听见海鸥们都在议论：
“哦，天哪，这是我见过的最奇怪的鸟！”
笨鸟们，
我是一只猪，一只会飞的猪！

“我的学习成绩为什么总是不如别人？”从前有个孩子，对于这个问题总是想不明白。为什么他的同桌想考第一名，一下子就能考第一；而他想考第一名，反而考了全班第二十一名？

放学回家后，他向妈妈问道：“妈妈，我是不是总是比别人笨？我觉得我和我的同桌同样都听老师的话，一样认认真真做作业，可是，为什么我总是比他的成绩差呢？”妈妈不知道该怎么回答。

又是一次考试。这一次，他比之前有了进步，考了第十七名，而他的同桌还是保持着第一名。儿子回去后又问妈妈同样的问题。妈妈真的想告诉儿子，人的智力确实有三六九等，考第一的人，脑子就是比一般人要聪明。但妈妈知道，如果这样说了，孩子也许就此认为自己是个愚笨的人。

母亲为此带他去看了一次大海，就是在这次旅行中，这位母亲回答了儿子的问题。

儿子小学毕业了，虽然成绩上仍然没赶上他的同桌，但是他却在一直不断地进步。后来，高中毕业的时候，儿子以全校第一名的优异成绩考入了清华大学。

母校请他给同学和家长们作了一个报告，请他谈谈自己成功的经验。

他讲了小时候的一段经历：“有一次，我和母亲面向大海坐在沙滩上，她指着前面对我说道，你看那些在海边争食的小鸟们，当海浪打来的时候，小灰雀总能迅速地飞起，它们拍打几下翅膀就能飞上天空，而海鸥却显得非常笨拙，从沙滩飞上天空又需要很长时间，然而，真正能飞翔于大海横跨大洋自由驰骋的却是海鸥。当我比不上别人的时候，我以为自己愚笨，而我妈妈却告诉我，我正是海鸥！”

就是这个报告，感染了底下很多听报告的父母和学生，很多母亲都流下了眼泪，也包括他的母亲。只要努力，就一定会有所收获。

他刚开始学戏的时候经常挨打。但话说回来，旧时学艺的人有几个没挨过打？压腿、踢腿、倒立、抢背……尤其是学武生在练功的时候。可是，他挨的打就特别多，家常便饭似的。他挨打的主要原因就是因为一个“笨”字。笨的让人觉得他根本就不是学戏的料，可他偏偏执意去学戏。

他笨的主要表现之一就是他的念白，他学习念白的时候，总是“一嘟噜一块”。他的念白之所以这样，是因为他口齿不清，是“大舌头”。口齿不清的“大舌头”念白时特别可笑，他一念白，周围的人都忍不住笑出来。科班的师傅对他也非常的失望，有一个师傅听着他的念白，又气又好笑，对他说：“就凭你这块料，什么时候能吃的上蹦虾仁啊！祖师爷不赏你这碗饭，你还是卷铺盖走人吧！”

他的笨还表现在他的记忆力上面。一段戏文，师傅说一遍两遍三遍，别人就能记下个差不多了，可是他不行，他一点都记不住，师傅只得再说一遍又一遍，渐渐的，师傅心中有怒气，就打他。可是越打他他越怕，越怕就越学得慢。

口齿不清的“大舌头”，记性不好而且学得慢。他还能笨到哪里呢？就这两条，对一个想登台的人来说，不已经是最致命的伤害了吗？可是他却偏偏喜欢登台演戏。为了摆脱“大舌头”的毛病，他有他的“绝活”：他整天拿着一个大粗瓷坛，用嘴对着坛口，大段大段地练习念白，因为坛子可以拢音，可以把他的念白清晰地反射到耳朵里，以辨瑕瑜，同时又可以不打扰别人。但是想熟记戏文却没“秘诀”了，他只能夜里不睡觉不停地背戏文，无论角色大小，他都可以把戏里所有的剧目“默演”一遍又一遍，所以说，一本戏文，别人唱过10遍，他已经至少唱过50遍有余。

因为笨，科班根本没有把他当角来培养，可是他呢？却把自己当角一样来严格要求。虽然他常常只能演家院、门子等的小角色。但为了“扮戏”漂亮，他总是可以提前把行头的护领、水袖拆下来，洗得非常干净。他把靴底用大白呢子刷得又白又净，站在台上显得格外精神。他把髯口用热水泡上，使之又柔软又飘逸，再用细刷反复地梳理，柔顺之极。

然而最笨的那一次，他发现自己的眉毛总是出岔子，这样用眉笔画眉毛时就显得不美观。笨得可爱的他竟让剃头师傅把自己的眉毛剃光。管箱师傅看他这样笨拙，就讥笑他说：“得了，多大个角儿啊！费这么大劲你认为台下观众能看清楚你吗？”

“台下观众虽然看不见，可是我自己能看得见自己！”他回答道。

他是笨，以他的先天条件，根本就不是演戏的材料，可是同他一起进“喜连成”科班学戏的众师兄弟师姐妹们，虽然各个天资都比他聪慧，但是只有他一人红遍大江南北。他承认自己学戏比别人笨，但是，他说，反而恰恰是因为自己笨，他才勤学苦练；也正是因为笨，他才能有后来的成功。

人们形容他的演唱：流利、舒畅，雄浑中见俏丽，深沉中显潇洒，奔放而不失精巧，豪放又不乏细腻。不错，这个“笨人”就是马连良，他以独特的风格，在中国京剧舞台上绽放了灿烂的光芒。他的演唱艺术被世人称为“马派”，是当代最有影响的老生流派之一。

哲意人生 Philosophic life

如果你想得到100分，你至少必须做到100件事，也许前面99件事情都看不到任何成效，但你最需要做的就是坚持下去，完成你的第100件事！成功者往往都是比别人更多地努力了一下。

Details

皇帝遇牧童

学习的路没有尽头，一路上，知识用来实现梦想，用来创造生活，人生的风帆就这样高高扬起。“敏而好学，不耻下问”，这是作为一个学者必须具备的，三人行必有我师，人无完人，但是虚心的求学态度却能让你向完人更进一步。

人生中经常有这样的时候，因为别人的一句话，你便对他刮目相看，因为从话中你听到了想要听到的道理，一句不经意的话让你知道原来人生学无止境。一些人开口闭口喜欢这样说：“以我多年的经验……”以此来否定别人。这绝对不是虚心学习的态度，活到老，学到老，这样才能有所突破和创新。

一个人，工作也许有完成的那天，知识却永远吸收不完，永远保持一颗谦虚的学习的心，提高自己，帮助自己，每一刻的所学，都会对未来人生起到保驾护航的作用。

这一天是美国东部的一所大学期终考试的最后一天。在教学楼的台阶上，一群工程学高年级的学生挤作一团，正在讨论几分钟后就要开始的考试，他们的脸上充满了自信。这是他们参加毕业典礼和工作之前的最后一次测验了。

一些人在谈论他们现在已经找到的工作，另一些人则谈论他们将会得到的工作。带着经过四年大学所学获得来的自信，他们感觉到自己已经做好了万全准备，并且能够征服世界。

他们知道，这场即将到来的测验将会很快结束，因为教授说过，他们可以带他们想带的任何东西进场，不管是书还是笔记都可以。要求只有一个，就是他们不能在测验的时候交头接耳地讨论。

他们兴冲冲地冲进了教室。教授把考卷分发下去。当学生们注意到只有五道评论题的时候，脸上的笑容更加自信。

三个小时过去了，教授开始收试卷了。学生们的脸上已经看起来不那么自信了，他们的脸上是一种恐惧的表情。没有一个人说话，教授手里拿着试卷，面对着整个考场。

他看着那一张张焦急的面孔，然后问道："完成五道题目的人有多少？"

没有一只手举起来。

"完成四道题的有多少？"教授问。

仍然没有人举起手。

"三道题？两道题？"教授笑着问道。

学生们开始躁动起来，在座位上扭来扭去。

"那一道题了？应该有人完成一道题吧。"

但是整个教室仍然很沉默。教授放下试卷，“这正是我期望得到的结果。”他说道。

“我只想要给你们留下一个非常深刻的印象，即使你们已经完成了四年的相关学习，关于这项科目仍然有很多东西是你们所不知道的。这些你们不能回答的问题其实与每天的生活实践都是有关系的。”然后他微笑地补充道，“你们都会通过这个课程，但是请你们记住——即使你们现在已经是大学毕业生了，你们的教育才刚刚开始。”随着时光的流逝，教授的名字早已经被遗忘了，但是他教的这堂课却没有被人遗忘。教授用行动告诉人们：学无止境。这是一种求学态度，更是一种人生境界。

很久以前，皇帝带着六位随从到贝茨山见一位隐者，在半路迷了路。他们巧遇一位放牛的牧童。

皇帝上前问道：“小孩，贝茨山在哪里，往哪个方向走，你知道吗？”牧童说道：“知道呀！”于是便为他们指路。

皇帝又问：“你知道隐者住在哪里吗？”他说：“知道啊！”

皇帝吃了一大惊，随口问道：“看你小小年纪，好像所有的事情你都知道不少啊！”接着又问道，“你知道如何治国平天下吗？”那牧童说：“知道，就像我放牧的方法一样，只要把牛的劣性去掉，那一切就都平定了呀！治天下不也是一样吗？”

皇帝听后，非常佩服。真是后生可畏，原以为他什么都不懂，却没想到这小小牧童就凭从日常生活中得来的道理，就能理解治国平天下的道理。

Details

学会“借”的学问

借力是一门学问，讲究尺度和方法。“好风凭借力，送我上青云”，想做到敢借，再确定能借，保证自己会借，懂得运用善借，才能借出个成功人生。

大千世界，没有谁能够独立生存，正是有了彼此间的协助和包容，世界才会繁花一片。借助别人，同时也是成全自己，就像鱼水之情，互利共生，相互成全。然而，借要借得高明，要借得有意义，有价值，好像“一个好汉三个帮”一样，前提是好汉才帮好汉。每个人都渴望成功，懂得借力，会让你从此走向成功。

成大事者，皆是借力高手，没有人的成功是靠孤家寡人来完成。

只有善于借力，并且会借力，才能借出一片新天地。

有个著名的故事，叫作“草船借箭”，说的就是关于“借”的道理。

魏蜀吴三国鼎立时期，魏国占北边 ，蜀国占西南边，吴国占南边。

一次，魏国派出军队，想要从水路攻打处在长江边上的吴国。没多久，魏军就到了离吴国不远的地方，他们在水边扎下营地，准备伺机进行攻打。

吴国的元帅叫作周瑜，他在研究了魏军的情形之后，想出主意，打算用弓箭来防守敌人。可是要怎样在较短时间内造出作战所必需的十万支箭呢？根据当时吴国工匠的情况，造出这么多箭，至少得十天时间，而吴国等不了这么久。

这时候，蜀国的军师诸葛亮刚好出访吴国。他是一个非常聪明的人，周瑜向他请教该怎样用最快的速度造出十万支箭。诸葛亮笑着说，三天时间就够了。大家都认为诸葛亮是吹牛，但是诸葛亮立即写下了军令状，如果完不成任务必然会被斩首。

然而，诸葛亮并不着急。他向吴国的大臣鲁肃反映，用普通的办法自然造不出箭。紧接着，他让鲁肃准备二十只小船，每只船上三十军士，船上全用青布为幔，插满草垛，诸葛亮还提出要求要鲁肃为他的计谋保密。鲁肃为他准备好船和一些必需的东西，却不知道其中的奥秘。

第一天，诸葛亮没有什么动静。第二天还是这样，第三天马上就要到了，一支箭也没有看到，大家都捏了一把汗。

第三天半夜，诸葛亮悄悄地把鲁肃邀请上一只小船中。

鲁肃问："请我来这里干什么？"

诸葛亮说："邀请你跟我一起去取箭啊"。

鲁肃不解地问："哪里取？"

诸葛亮笑着说："一会儿你就知道了。"

于是，诸葛亮命令二十只小船用长长的绳子绑在一起，之后向魏军的宿营地进发。

当天夜里，真是大雾漫天，水上的雾气浓厚到伸手不见五指。可是雾越大，诸葛亮就越是命令船队快速前进。等到船队接近魏军营地时，他命令船队一字排开，然后让军士在船上擂鼓呐喊。鲁肃吓坏了，对他说："我们才二十条小船， 六百余士兵，要是魏兵打来，我们死定了。"

诸葛亮却笑着说："你放心，魏兵不会在大雾中出兵的，我们在船里喝酒就好。"

果然，魏军营中明明听到擂鼓呐喊声，却迟迟不敢出兵。主帅曹操连忙召集大将商议。最后决定，因长江上浓雾弥漫、不熟悉敌人的情况，所以只派水军弓箭手进行射击。于是，魏军派了一万名弓箭手来到江边，朝着船的方向猛烈射箭。

这时，箭像雨点一般飞向船队，没一会儿，船身的草把上全是箭。这时，诸葛亮让船队掉转身，将位置对调，很快船背面也扎满了箭。

诸葛亮估算着船上的箭差不多了，立刻命令船队迅速撤回。这时，大雾渐散，等曹操弄清楚发生的事情时，肠子都要悔青了。

就这样，待诸葛亮的船队来到吴军的营地的时候，吴国的主帅周瑜立刻派五百名军士搬箭，清点之后，船上的草把中真的足足有十万支箭。

周瑜非常佩服诸葛亮的智慧。问诸葛亮怎么知道当天晚上会有大雾呢？诸葛亮笑着解释了原因，他善于观察天气变化，之前已经通过对天象仔细推算预知了大雾天气，于是，从敌军那里巧妙地借来了箭。

智者当借力而行，说得就是这样的道理。

相传，大英图书馆已经年久失修了，所以，在另一个地方新建了一座图书馆。正常情况下，新馆建成以后，要把老馆里的书搬到新馆去，这本来应该是搬家公司要干的活儿，装上书，拉走了搬去新馆就行了，可是这样要花费350万英镑的搬运费，图书馆没有这么多的预算。眼看着雨季即将来临，如果还不搬，损失就大了。

正当馆长一筹莫展的时候，一个馆员想出一个绝妙的方法。不过他说需要150万英镑。馆长很高兴地接受了，因为这个价格在预算之内，可以实现。可是馆员有一个要求：如果150万英镑用不完，剩下的钱，要全部给自己。馆长也同意了。

最后，在签订合同搬运完毕以后，馆员几乎拿到了将近150万英镑，因为搬书方案中所用的开销，只是150万镑的零头。原来，馆员让图书馆在报纸上刊登了这样一条消息：明天起，博物馆免费向市民借阅图书，条件：从老馆借出，还到新馆。

Part 06

“玩”转工作，美好的事业等着你

我们的职业生涯可以分为三个阶段：

第一个阶段是为现实找一份工作；

第二个阶段是为现实，

但可以选择一份自己愿意投入的工作，

第三个阶段是为理想去做一些事情。

如果你能顺利到达第三个阶段，

你已经可以“玩转”自己的工作。

Details

当风暴袭来，请打开你的船舱

我们不是天才，因为天才只停留在天上；
我们顶多是人才，但要有执行力才算数。
每个人每天都会有时间的压力、
成本的压力、质量的压力和业绩的压力，
没有压力的工作就只是玩耍。

一艘货轮抵达了目的地，卸完货、补给完便开始返航。但不幸的是，途中他们遭遇了巨大的风暴。老船长果断下令：“打开所有船舱，立刻往里面灌水。”

水手们虽然很担忧：“往船里灌水是险上加险，这不是自找死路吗？”但他们还是半信半疑地照做了。

暴风向他们袭来，巨浪依旧猛烈，但随着货舱里的水位越来越高，货轮渐渐地平稳了。

这时，水手们才松了一口气。老船长抽了一袋烟，向他们解释道："一只空木桶是很容易被风打翻的，如果装满水，风就吹不倒了。船在负重的时候是最安全的，空船时最危险。"

行船如此，行事又何尝不是呢？只有那些胸怀大志，有责任感在心头的人，才能砥砺人生的稳健脚步，从岁月的风雨中坚定地走出来。得过且过、空耗时光的人，就像一只只空水桶，往往一场小小的人生风雨便把他们彻底地打翻了。

工作也是一样，没有压力就没有严谨的态度，一不留神就会从自己应有的高度上摔下来。有责任感、使命感，能督促我们把事情做得更加完美，激发我们更多创造性的灵感，让我们拥有持续前进的动力。

那么，在职场中怎样适当地进行自我激励呢？

首先，你要给自己设立一个很明确的目标，从来不让自己停下来。人到中年，经过打拼，你有了一定的经济基础和事业基础，在一定程度上有了一些懈怠。人往往因为优秀而难以作为，这个时候常规的做法是给自己加码。对个人而言，加码的方法要么是高消费，要么是揽起更大的责任，这能让你成长得更快。比如，你的孩子要出国，你承诺："你们出国的费用全部由我出。"爱人想改善居住条件，你承诺："我一定给你买别墅。"不是有了钱买，而是没钱就买了，买了以后就会觉得有一种压力。

其次，朋友圈子很重要。人奋斗的欲望与他身边的朋友息息相关。比如，你身边的朋友都是骑自行车上班的，你买个电瓶车都觉得很幸福；如果你身边的朋友都是开汽车的，你一定也想开汽车。

年轻人交朋友一定要慎重。有些人天生消极，有些人天生积极，其实消极与积极本身是没有什么意义的，关键在于看法不同，态度就不同。最好不要和消极的人在一起，跟他们在一起久了再有雄心壮志的人也会受影响；跟积极的人在一起，即使他是穷光蛋，但整天说“奋斗，明天一定成功”，你也一定跟着奋斗，一定会有成就。

纯粹为了工作而工作，容易让人无聊，会很快对工作本身感到厌倦，而过于游戏的心态又会使我们对工作缺乏投入与细致，对我们的人生与企业造成很大的损失。有的朋友可能会质疑：“快乐工作不就是把工作当成游戏吗？”在某种角度上说，这种说法有一定的道理，如果把简单、重复、枯燥的工作当作一种有趣的游戏，的确会减缓我们劳累的程度，不过要提醒大家，工作毕竟是一件相对严肃的事情，我们并不提倡游戏工作的态度。可能你觉得好像这两种思想有些矛盾，但这里就有一个度的问题：当风暴袭来，你打开船舱灌水，但不要灌得太满，否则即使风暴不能把船打翻，也会有沉船的危险。

Details

日程表与清单

时间最不偏私，
给任何人都是二十四小时；
时间也最偏私，
给任何人都不是二十四小时。

艾琳·詹姆斯既是一名作家，又是一名投资人，还是一名优秀的地产投资顾问。在这几个领域，她努力奋斗了十几年，成绩斐然。

有一天，她坐在自己的办公桌前，呆呆地望着密密麻麻写满工作事宜的日程表。突然间，她意识到自己再也无法忍受这张令人发疯的表单了："我用这么多乱七八糟的东西来塞满自己清醒的每一分钟，这简直就是一种疯狂而愚蠢的生活。"就在这时，她做出了一个决定："我要摒弃那些无谓的忙碌，多给自己的心灵一点时间。"

于是，她开始着手列一个清单，将需要从她的生活中删除的事情都列出来。然后，她按照这份清单逐一行事。首先，她取消了所有电话预约。其次，她取消了预订的杂志，并把堆积在桌子上的所有读过、没有读过的杂志全部清理掉。另外，她注销了一些信用卡，以减少每个月收到的账单函件，等等。她的简化清单总共包括80多项内容。通过改变日常生活和工作习惯，她的房间和庭院的草坪变得更加整洁，她的工作更有效率，心情也跟着大好起来。

后来，艾琳·詹姆斯成了美国倡导简单生活的专家。她说："我们的生活已经变得太复杂了。在这个世界的历史进程中，我们从没有像今天这样拥有如此多的东西。这些年来，我们一直被诱导着，使得我们误认为能拥有一切，使得我们甚至对尝试新产品都感到厌倦，我们沉溺其中并心烦意乱，因为它们已经使我们失去了创造力。"

你是否整天忙于应付事务性的工作，时常被各种事件"要挟"，或者受制于某种工作习惯或者生活方式而不得解脱？有些朋友，甚至恨不得把电脑砸碎、扔掉，或者玩"失踪"——逃离到一个僻静的小山村，过一段清苦而惬意的生活。除了繁杂的工作事项，还有一些硬着头皮不得不去应酬的场合，长此以往，你内心压抑的自我、你的身体总有一天会"反抗"或者"罢工"。

时间管理就是事件的管理，就是对自己人生的管理。有一个小游戏道出了时间管理的秘诀：如果你有100张钞票，其中有两张100元面值的，其他98张都是1元的，你不小心把钞票散落在人群中，请问，你应该怎样才能够让自己的损失最少？很多朋友都很明智：先找那两张100元面值的，其他的钞票能捡多少是多少。我们的工作和生活又何尝不是如此？如果你愿意，永远有做不完的事，但能够创造价值的也就那么几件重要的事，找到它，完成它，你就掌握了大部分快乐的核心。

哲意人生 Philosophic life

不要固执于解决不了的问题，你可以把问题记下来，让潜意识和时间去解决它们。这就有点像踢足球，左边打不开，就试试右右。总之，尽量不要“钻牛角尖”。切记，你放不开的事情会吃掉你越来越多的时间，直到你放开它为止。

Details

看医院与护士“斗法”

人的一生所立的言论大多会从记忆中消失，
唯独为别人的成功发出的喝彩永远回荡；
人的一生所得的荣誉大多会从流年中褪色，
唯独为别人的成功付出的心血永恒镌刻。

霍华·布南在他的著作《动乱》一书中，曾提及一个事例：达拉斯的拜洛医院曾面临一个窘境：每逢周末，值班护士总是不够，因为护士们不希望牺牲和家人团聚的时间。

医院管理层经过调查发现，大多数护士喜欢上周一至周五的正常班，但有些护士，尤其是家中孩子比较小的或者单亲妈妈，却希望正常上班时间能在家休息，可以多一些时间照顾孩子。

那么，有没有合适的解决方案呢？

管理层绞尽脑汁，最后终于想出了一个办法。由于周末上班视为加班，值班12个小时以24个小时计算，所以院方决定付给只在周

与其你死我活，
不如你活我也活。
这就是双赢，
是良性竞争。

末上班的护士全额薪水（相当于每周工作44个小时的全薪），单亲妈妈和家里孩子还小的护士都欣然接受，其他的护士也很高兴，因为她们不必在周末值班了，可以和家人在一起。

这真是一个皆大欢喜的方案，周末值班的护士是赢家，正常班的护士是赢家，医院和病人也是大赢家。

在某种程度上说，真正的成功不是非要拼个你死我活，分个高低上下，输赢只是暂时的分界，多赢才是长久之策。

有人曾经说过："我有一个信念，你好我不好的时候，我肯定不让你好长久；我好你不好的时候，我知道我好得不踏实。"所以，我们都在追求多赢。当抱持这个信念的时候，鼓掌就是最好的表达方式。当你把掌声给爱人的时候，你的爱人会对你更好；当你把掌声给孩子的时候，你的孩子学习会提升；当你把掌声给同事的时候，你的同事会感觉更温暖；当你把掌声给领导的时候，你的领导会觉得没白对你好；当你把掌声给敌人的时候，你的敌人会化敌为友。

有人问："多赢跟口才有什么关系？"

当你变得更开朗、更热情的时候，口才自然就变得很好。如果你不愿意跟外界沟通，我相信你也讲不出来什么有影响力的语言。你的脸冷若冰霜，照镜子的时候你看到的是什么？同样也是冷若冰霜的脸。其实，别人就是你的镜子，别人都在用你的方法对待你。

我们常说，方法总比问题多，只要去想，总能找到好的解决办法。最好的方式就是众人皆赢。凡事考虑多方利益，这样能够最大程度上提高工作的效率与员工的主动性，这不仅是一种管理技巧，也适用于各种事件和各种环境。

当我们遇到问题时，首先要厘清问题的症结，然后问自己："答案是否就在问题中？"结果也许会令你惊讶。

哲意人生 Philosophic life

面对问题和困难不退缩。这是衡量一个人的责任心问题，只有把解决问题和困难当作自己一项应尽的责任，把责任强加于自己，才能为自己解决问题和困难提供动力。每个人都要经历从没有办法，到学到办法、想到办法的循序渐进的过程。只要你能够战胜艰难的畏惧，并下决心去努力，你就能越来越多地找到解决问题的办法，越来越会解决问题。

Details

谁在干扰你的思维

不管你目前的职业前途如何，
积极着眼于实实在在的工作一定有好处。
空有才华而不懂得表现是人世中最悲哀的，
因为这会使你白白丧失许多成功的机会！

安迪从某名牌大学的服装设计专业毕业后，应聘到一家非常有实力的服装公司工作，成了一名令人艳羡的时装设计师。然而，她的设计表现平平，虽没受到过什么赞誉，但也从未被批评过。毕业没多久，在时装界能做到这个地步已属不易，她对自己的表现也算满意。

有一天在洗手间，她无意中听到她的主管在打电话："我也不好意思说她，虽然刚毕业不久，但做出来的东西真不怎么样，连及格都很勉强，这个月的方案要是再没什么新意，我就只能劝她走人了……"

一听这话，她万分紧张，感觉主管电话中说的那个人正是自己。从那以后，她每天战战兢兢，每逢主管找她谈话，她心里就嘀咕：“完了，是不是我要被开除了？”一听是正常的工作沟通，她才长舒了一口气。那段时间，她看到同事在一起说说笑笑，都觉得是在嘲笑她的方案如何差。从此，她的自信心一落千丈，对自己的一言一行都显得过于敏感、担心。

好不容易熬到周末，她向好朋友倾诉了自己的不安，朋友鼓励她：“既然主管都说了这个月的方案是你最后的机会，我相信你一定能抓住！”她也抱定了搏一搏的信念，工作起来比平常更加有激情，下班后还参考了许多大师的设计方案，月底她终于拿出了一份让所有人都刮目相看的设计方案。

在一次公司例会上，主管当众表扬了她，同时宣布公司里的另一名员工被辞退。这时，她才知道，原来那天在洗手间里听到的话根本就与自己无关。

从此，她变得更加信心十足，也发觉原来是那些自己想出来的烦恼分散了自己的注意力和想象力，干扰了自己的正常思维。

试想，如果安迪因为听到主管的评价而自暴自弃，最后谁会被开除？可能不仅是那位真正被批评者，还包括她。当误会变成事实，是令人惋惜，还是她的结局原本就该如此？

在职场中，坚守自己才能做好自己，不要被一些道听途说所干扰，因为即使是你亲耳所听、亲眼所见，也不一定是你所理解的事实。

即使真的出现了坏消息，也不要气馁，因为你表现的时候到了。做好充分的准备，努力一搏，危机就能变转机。到时候，你该感谢压力让你脱颖而出。这位大学生处理压力的方法就是积极正面的，自然给她带来了嘉许和机会。

所以，不要过分关注你周围人的评价，要关注自己，关注自己的根系够不够。这个根系主要指哪些方面呢？如果把人生比做一株莲花的话，你会发现莲花一定是依靠根系来支持成长的。我们在谈企业文化的时候也经常会讲冰山一角，我们只能看到冰山露出水面的一部分，下面的部分看不到。比如，一个人能够走到很高端的位置，背后一定有很多的东西支撑，我们叫它能力素质模型，比如基本的工作态度、基本的工作能力，这里面都有一些素质指标。

你的思维是否灵活、你的胸怀有多大，通过很多工具是能够测量的，包括你的能力素质，通过一套有效的问卷，就可以明确评估出来。围绕着你的根系去发掘的话，一定可以从中不断汲取营养。

Details

拍拍手把鸭子叫醒

请多赞美别人，
不用花钱，
就能使人快乐，
何乐而不为呢？

古时候，某王爷手下有个著名的厨师，他的拿手好菜——烤鸭，深受王府里的人喜爱，尤其是王爷。不过，这个王爷虽然爱吃烤鸭，但是从来没有当众夸过厨师，这让厨师很郁闷。

有一天，王爷在家设宴招待一个远道而来的客人，王爷亲点了自己最喜欢吃的烤鸭。厨师虽然一直未得到王爷的褒奖，但是仍然精心调制。王爷与客人推杯换盏，气氛很融洽。席间，王爷夹了一条鸭腿给客人，却怎么也找不到另一条鸭腿，他便问身后的厨师说：“另一条腿到哪里去了？”

厨师说：“禀王爷，我们府里养的鸭子都只有一条腿！”

王爷感到诧异，但碍于客人在场，不便问个究竟。

饭后，王爷便跟着厨师到鸭笼去查个究竟。时值夜晚，鸭子正在睡觉。每只鸭子都只露出一条腿。

厨师指着鸭子说：“王爷您看，我们府里的鸭子不是只有一条腿吗？”

王爷听后，便大声拍掌。鸭子被突如其来的声音惊醒，都站了起来。

王爷责备道：“鸭子不全是两条腿吗？”

厨师说：“对！对！不过，只有鼓掌拍手，才会有两条腿呀！”

王爷听后，哈哈大笑，不但没有责备厨师，还被他的提醒所启迪，对厨师的烤鸭厨艺大加赞赏了一番。

美国著名女企业家玛丽·凯曾说过：“世界上有两件东西比金钱更为人们所需——认可与赞美。”要使对方始终处于工作或者生活的最佳状态，唯一有效的方法，就是赞美他。没有比受到别人的批评更能扼杀人的积极性了。

人生有三样宝贝：第一宝是面带微笑，不会笑的人情商不高，情商不高就不讨人喜欢；第二宝是点头，我们见了人应该是先点头好还是先摇头好？当然是点头；第三宝是赞美。

所以，不要吝惜我们的赞美，这是拉近人与人之间关系最有效、最便利、最经济的方法之一，同时也是锻炼我们积极心态的一个重要方法。在赞美别人的时候，我们一定要善于发现别人身上的优点，而这正体现了我们积极思考的过程。所以，赞美别人不仅会使他人的心情和感觉更好，同时也能帮助我们搞好人际关系，更能调整好我们自己的心态与思维，于人于己都有利，何乐而不为呢？

哲意人生 Philosophic life

赞美是一种鼓励，胜过雨后绚丽的彩虹，在人们心灵深处植入的是信心和力量，播下的是奋进向上的种子。赞美是一种兴奋剂，让人更加充满活力和精神。同时，赞美还是一种认可，一种肯定，让人们坚定发展的方向。多一种鼓励，就少一个背离者，多一句赞美，就能让若即若离的人变成你忠实的朋友。

Details

黄鹂鸟的歌声

在人类社会中，
竞争总是不可避免的。
不要因此而敌视对方，
最有能力的竞争者往往能与他们的对手坦诚相处。

圆圆第一次将男朋友带回家，父亲在客厅与她的男朋友天南地北地聊着。

父亲问："你喜欢打球吗?"男朋友回答："不，我不是很喜欢打球，我大部分的时间都用来看书、听音乐。"

父亲继续问："那喜欢赌马吗?"男朋友说："不，我不赌博的。"

父亲又问："你喜欢看电视吗？比如田径或球类竞赛，等等。""不，我对体育活动没什么兴趣。"

……

男朋友离开后，圆圆问父亲：“爸，你觉得他怎么样？”

父亲沉思了片刻，严肃地说：“圆圆，你和他做朋友我不反对，但如果想嫁给他，我劝你还是好好考虑一下。”

圆圆很讶异，不禁问道：“为什么？你们不是聊得挺好吗？”

父亲说：“一般人养黄鹂鸟，绝不会将它关在家里，都会把它带到茶馆或者公园，那儿有许多的黄鹂鸟。这只鸟听到同类的叫声此起彼伏便会不甘示弱，也引吭高歌，这是养鸟人训练黄鹂鸟的诀窍。”

圆圆听得很不耐烦：“爸，这和我的男朋友有什么关系？”

父亲深深地喝了一口茶，道：“养鸟人通过刺激黄鹂鸟竞争的天性，训练黄鹂鸟展露优美的歌喉。如果没有竞争，没有其他的鸟儿来与它比较，这只黄鹂鸟有可能一生都发不出任何叫声。”

圆圆点点头，似有所悟。

父亲继续说：“刚才和他聊天，我发现他既不运动，也不喜欢运动，几乎排斥一切竞赛性的活动。我认为，像这样子的男人将来恐怕难有成就。”

太多人因为恐惧失败，害怕丢面子而不愿意参与竞赛。但竞赛的本质，不在于胜负，而在于每一次全身心地投入，能让我们逐渐成长。

在竞争激烈的职场更是如此，你不进步就等于倒退，因为别人都在学习，都在成长。我们看到身边有一些随遇而安的人，我们暂不评价这种做法的对与错，毕竟每一个人的价值观不同，生活态度也千差万别。但要想在职场中脱颖而出，取得一定的成就，这种随遇而安、与世无争的态度就值得商榷了。没有比赛就没有输赢，观众永远不会是比赛的胜利者。适当地参与竞争，把它看作是一次证明自己的机会，全面地提升自己，最终的胜者不一定是你，但受益者绝对有你。

另外，我们从圆圆的男朋友身上也应该有所启发，去女朋友家，当然要讨未来岳父的喜欢。在工作中，在社交场合也一样，我们想要讨人喜欢应该怎么去处理，怎么去展现自己？

讨人喜欢，第一是心智问题，第二是知识方面。拿谈判来说，什么样的人有魅力？最有魅力的人是敢于承担责任的人，这样的人很讨人喜欢，有感召力；二是有智慧的人，比如诸葛亮和爱因斯坦；三是有特长的人，培训行业有一句话很有意思——等你成为专家之后一切随你而来，这就是专业性，你把它搞透了，就有力量；四是有爱心的人；五是有人缘的人，比如刘德华，许多女孩想见他都想疯了；六是健康的人，健康本身就是一种美。

第三就是技巧。所谓“一见如故”，往往是先把对方说高兴还是先把自己说高兴？肯定是对方，而且要先问。比如说：“一路走来有什么经验和心得？”这句话很容易讨人喜欢，这就是一个纯技巧问题。

悬崖边的金子与山中的老虎

在一个充满诱惑的世界里，
欲望是咖啡、是美酒、是可卡因，
取舍与释然是抑制诱惑的绝缘体，
克制与节制就是调节诱惑的一杯清茶。

某企业高薪聘用一名专职司机，主要为企业的高管或者贵宾服务。经过层层筛选，到最后一次面试时只剩下3个人，他们开车的技术都非常棒。招聘经理给他们出的题目是："悬崖边有块金子，你们开着车去拿，你觉得能距离悬崖多近既能拿到金子而又不至于掉落悬崖呢？"

"两米。"第一位应聘者说。

"半米。"第二位应聘者很有把握地说。

"我会尽量远离悬崖。"第三位应聘者坚定地说。

虽然第一个和第二个应聘者的技术都能精确到米，但是，这家企业却没有选择他们，而是录取了第三位应聘者。

其实，禅宗中也有一个类似的故事：

山中有老虎，有人问："如何能够不受到山中老虎的伤害？"

有的说："带上最精良的武器。"

有的说："准备最安全的防护。"

有的说："趁老虎打盹的时候过山。"

禅师的回答非常简单：不去这座有老虎的山就不会受到山中老虎的伤害。

诱惑与风险同在，然而人们往往看到的是诱惑，而把风险抛诸脑后。

职场中充满了诱惑，随着我们工作年限的增长，手上掌握的资源越来越多，心里的欲望也逐渐膨胀起来，就会越来越感受到它们的存在。如果你意识到了，恭喜你，因为你已经知道该怎么做了：不要和诱惑较劲，而应离它越远越好。

能否放弃你的“车钥匙”

人际关系的原则是：
有舍才有得。
你满足了对方，
对方才会满足你。

在一个暴风雨的晚上，你开着一辆车经过一个车站。

这时，有三个人正在等公共汽车：一个是快要死的老人，好可怜；一个是医生，他曾救过你的命，是你的大恩人，你做梦都想报答他；还有一个女人/男人，她/他是那种你做梦都想娶/嫁的人，也许错过就没有了。

但你的车上只能再坐一个人，你会如何选择？为什么呢？

我不知道这是不是对你性格的测试，因为你每一种选择都有自己的原因。

老人快要死了，你也许首先想救他。然而，每个老人最后都只能把死亡作为他们的终点站；你也许先让那个医生上车，因为他救过你，这是个报答他的好机会。而有人认为你可以在将来的某个时候再去报答他；难得遇到一个能让你这么心动的人，也许你不应该错过这个机会，因为你可能永远不会再遇到她/他了。

除此之外，还有没有别的答案？

“给医生车钥匙，让他带着老人去医院，而我则留下来陪我的梦中情人一起等公车！”

很智慧的一种回答。

这是一家公司招收新职员时的一道测试题，在200个应征者中，只有1个人能够把车钥匙放弃，给出了这样的答案，并最终被录用。

每一次讲这个故事，大家都认为最后的这个回答是最棒的，但没有谁能在一开始就想到。为什么？因为我们从未想过要放弃我们手中已经拥有的优势——“车钥匙”！

舍得，舍得，有舍才有得。有时，如果我们能够放弃一些固执、狭隘和优势的话，可能会得到更多。

比如，很多职场人都抱怨过：“我真的很不喜欢这个人，我之前跟他交流过，觉得跟他的确很难沟通，但是由于某种关系又必须跟他有一些工作上的合作，怎样才能让沟通变得顺畅一点呢？”其实处理起来并不难，首先，你要做一个选择：你是要结果，还是要情绪？大家都回答要“结果”。当你坚信要结果的时候就要调节自己，因为你没有办法改变对方。你要清楚自己不能接受他的是什么。一个人不能接受另外一个人，不是不能接受他整个人，而是他的某一方面。其实，我们不能接受的只是他身上的某一点或者某几点而已。我们看不到对方身上的闪光点，这就会给自己增加压力。

有的人不善于沟通，把别人得罪了，但是又想弥补一下，这说明他对对方还有一份认同，在乎这份友谊，更重要的是能够放弃面子问题，弥补的办法肯定有很多。沟通不在于你说什么，而在于对方听到了什么；不在于你说的感觉如何，而在于对方听的感觉如何。

哲意人生 Philosophic life

树舍灿烂夏花，得华实秋果；鸣蝉舍弃外壳，得自由高歌；壁虎临危弃尾，得生命保全；溪流舍弃自我，得以汇入江海；凤凰舍其生命，得以涅槃重生。人舍墨守成规，得别具一格；舍人云亦云，得独辟蹊径。只有懂得了舍得的人生大智慧，才能够将自己的人生经营得有声有色，拥有成功而幸福的生活，从而活得精彩，活得快乐。

你心里的“四个我”

当你拥有六个苹果的时候，
千万不要把它们都吃掉，
因为你把六个苹果全都吃掉，
你只吃到了一种味道。
如果你把五个拿出来分享，
就得到了其他五个人的友情和好感。

心理学家鲁夫特与英格汉提出了一种“乔哈里窗（Johari Window）”模式，“窗”是指一个人的心就像一扇窗，普通的窗户分成四个部分，人的心理也分成四个部分：开放自我、隐藏自我、盲目自我、未知自我。

“开放自我”与“隐藏自我”很好理解，“开放自我”就是别人知道我自己也知道的那部分，“隐藏自我”是自己知道但别人不知道的那部分，比如自己的隐私。那什么是“盲目自我”和“未知自我”呢?

“盲目自我”，也称“背脊自我”，属于盲目领域。这是自己不知道而别人知道的部分，所谓“当局者迷，旁观者清”。盲点可以是一个人的优点或缺点，因为事先不知、不觉，所以当别人告诉自己时，或惊讶，或怀疑，或辩解，特别是听到与自己初衷或想法不相符合的情况时。简言之，这就是我们的盲区。

“未知自我”，也称“潜在自我”，属于潜力领域。这是自己和别人都不知道的部分，有待挖掘和发现，通常是指一些潜在能力或特性，比如一个人经过训练或学习后可能获得的知识与技能，或者在特定的机会里展示出来的才干，也包含弗洛伊德提出的潜意识层面，仿佛隐藏在海水下的冰山，力量巨大却又容易被忽视。这就是我们的“潜能”。

通过“乔哈里窗”，我们能更加清楚地了解自己。其实我们身上有很多别人不知道甚至我们也不知道的竞争优势，管理大师彼得·德鲁克说：“很多人都以为知道自己的长处，其实不然。在大多数情况下，人们比较清楚自己的弱点。”

“盲目自我”的大小与自我观察、自我反省的能力有关，通常内省特质比较强的人，盲点比较少，“盲目自我”比较小。盲区是我们认识不到的，需要别人提醒我们有这样或者那样的优点、长处和力量，当然也会提醒我们的不足与短板。熟悉并指出“盲目自我”的人，往往是关爱你的人、欣赏你的人、信任你的人，也可能是最挑剔你的人。所以，我们要学会用心聆听，重视他人的回馈，不固执，不过早下结论，学会感恩，感谢他们帮助自己“拨开迷雾见青天”。

对“未知自我”进行探索和开发，才能更全面而深入地认识自我、激励自我、发展自我、超越自我。学着尝试一些全新的领域，也许会收获惊喜。

在职场中，如果我们愿意，总可以找到他人身上的缺点，所以我们经常会看到有些人在不断地议论别人，挑别人身上的毛病，如果是恶意中伤，最终不见得能伤害别人，却一定会伤害自己。难道要三缄其口吗？也不一定，我们可以善意地提醒。不想为此困扰，那就学会“用望远镜看别人，用放大镜照自己”，多看到别人的好，勤检讨自己的不足。

Details

你有多少种捉蝴蝶的方式

人的生命最后的结果一定是死亡，
但我们不能因此说生命没有意义。

莱格的爸爸是一位富商，但不幸患了绝症。临终前，他见窗外的市民广场上有一群孩子在捉蝴蝶，就对自己4个未成年的儿子说："你们到那儿给我捉几只蝴蝶来吧，我许多年没见过蝴蝶了。"

不一会儿，莱格的大哥就带了一只蝴蝶回来。富商问："怎么这么快就捉了一只？"大儿子说："我用你送给我的遥控赛车换的。"富商点点头。

又过了一会儿，莱格的二哥也回来了，他带来了两只蝴蝶。富商问："你这么快就捉了两只蝴蝶？"二儿子说："我把你送给我的遥控赛车租给了一位小朋友，他给我3美分；这两只是我用2美分向另一位有蝴蝶的小朋友租来的。爸，你看这是多出来的1美分。"富商微笑着点点头。

不久，老三也回来了，他带来了10只蝴蝶。富商问："你怎么捉了这么多蝴蝶？"三儿子说："我把你送给我的遥控赛车在广场上举起来，问：'谁想玩赛车，想玩的只需交1只蝴蝶就可以了。'爸，要不是怕你急，我至少可以收20只蝴蝶。"富商拍了拍三儿子的头。

最后到来的是莱格。他满头大汗，两手空空，衣服上沾满了尘土。富商问："孩子，你怎么搞的？"莱格说："我捉了半天，也没捉到一只，就在地上玩赛车，要不是见哥哥们都回来了，说不定我的赛车能撞上一只落在地上的蝴蝶。"富商笑了，笑得满眼是泪，他摸着莱格挂满汗珠的脸蛋，把他搂在了怀里。

第二天，富商死了，孩子们在床头发现了一张小纸条，上面写着："孩子，我并不需要蝴蝶，我需要的是你们捉蝴蝶的乐趣。"

结果很重要，过程更重要。幸福快乐与否，不只在于目的是否达到，还在于追求的本身及其过程。在所谓的成功学泛滥的时候，我们都给自己设定了大大小小的目标。人生的确需要目标来指引，来推动，但是在匆忙实现一个又一个目标的时候，别忘了享受其中的乐趣。

职场中的快乐只在于每个月发薪水的那天吗？只在于每年年终时能拿到红利或奖金吗？当你把目光从最终的目标上挪开，自然会发现身边有无数的感动与乐趣。最终的结果只是我们人生需求的一部分，更多的意义在于，在每天的工作中，与同事间相互沟通、密切合作，共同完成了一个又一个任务。我们更珍惜的是，有时虽然我们尽力了，但没有达到我们想要的效果，这时的相互扶持、鼓励、泪水与汗水，比我们获得了成功更为宝贵。

所以，职场中的回报更多的是在这段路程的体验中，不只在最终的结果上。理解了这个道理，就能收获快乐。

哲意人生 Philosophic life

每一个阶段都由一个过程完善，而把每个成长的阶段和过程相连在一起，就是一个完整的人生。在成长的浮躁中，我们常常忽略或无视过程的重要性和必要性，总是幻想凡事都可以一蹴而就，一夜爆发，其实耐得寂寞才不寂寞，不耐寂寞反而更寂寞。学会享受过程很重要，因为每一个阶段都绝无仅有，永远也找不回来。

Details

黑马的追寻

是宝石就要自己发光，

不要等别人把你磨光。

谁有空、有心情去认真地“磨”你呢？

一天，一匹黑马对众马说：“我要去寻找伯乐，你们要去吗？”众马听了，不以为然：“我们是千里马，我们为什么要去寻找伯乐？你不是千里马，找到了伯乐也不会成为千里马！”但黑马还是决定要去寻找伯乐，它抖擞精神，踏上了征途。

黑马逢人便问：“你知道伯乐在哪里吗？”人们反问：“你要找伯乐，你是千里马吗？”黑马说：“我不是千里马，我希望让他推荐我……”人们听后只是笑了一下，却不说话了。黑马知道那是在嘲笑它，但它并不在意，仍马不停蹄地追寻着。一天又一天，一月又一月，黑马翻山越岭，跑了很多地方，但它不仅没有消瘦，反而因为长久的奔跑变得更加强壮。

黑马一直没有找到伯乐，于是它开始往回跑。黑马回到了原来的地方，众马都幸灾乐祸地问它：“你找到伯乐了吧？”黑马说：“虽然我没有找到伯乐，但经过这么长时间的奔跑，我自己成了千里马，更重要的是，我发现我就是自己的伯乐。”

众马听得似懂非懂，便问道：“自己的伯乐？”黑马说：“作为一匹马，不能等伯乐来发现自己，要自己发现自己，自己成就自己！”黑马回来不久，伯乐就来了，把黑马推荐到了皇宫里。

历练是最大的财富，一个人有再高的天赋，再大的本领，如果停滞不前，那么所有的优势终将被荒废。

职场中需要伯乐，如果没有合适的环境和平台，很多事情只能停留在思想层面。但职场中真正的伯乐首先是自己而不是别人，你要成为别人心目中的千里马，就要做出千里马应有的表现。

Details

让领导打钩的艺术

要学会委婉地和领导沟通，
而不要当众与其吵架。
那会让你无路可走，
只有走人。

作为下属，你向领导汇报工作的时候，如果只是汇报一个问题，你会发现你想得到答案很难。

你说："领导，我们这出了点问题，这是相应的材料，您看怎么办？"

他说："你放到这里吧，我考虑一下。"

一考虑三天，还不一定有结果。

催他，你还不能直说："领导，我上次跟您说的那个事？"

"哎哟，忘了。"

"该死。"你心里也许正在骂他，其实该骂的是你自己，因为你给领导提问题让他去思考，可领导每天思考的问题有多少？忘记是很正常的事情。

我们要怎么办？做选择题。把这个问题抛给他之后，在你的问题后面附上2～3个选择答案。你可以说："领导，我们遇到了这样一个问题，我的想法是，方案A……方案B……方案C……领导，您认为哪个更合适？"

所以，第一步，是把问题汇报给领导；第二步，把选择性的答案汇报给领导；第三步，把每个选择的优劣进行对比：如果选择方案A，我们的优势是什么、我们的劣势有哪些；如果选择方案B，我们的优势、劣势各在哪里；如果选择方案C，我们的优势、劣势又是什么。这样，领导心中就会非常清楚，他拿起笔勾一下就好了。

哲意人生 Philosophic life

在语言沟通的过程中，委婉是一种颇有奇效的黏合剂。委婉是一种以坦诚开放的沟通来对待对方的方式，同时，也尊重他人的感受，不作无谓的伤害。

Details

是什么影响了玉米的收成

幸福越与人共享，
它的价值越增加。
如果快乐不能与人分享，
就不算是真正的快乐了。

一个小山村有个农夫，他对自己的玉米收成很不满意，于是到处打听，买来了优质的玉米种子，第一年果然大获丰收。

其他的村民在羡慕之余，都请求农夫能卖些新种子给他们。可是，这个农夫为保全自己的优势，断然拒绝了。

不知为什么，从第二年开始，他的玉米收成突然差了，到了第三年产量更是明显减少。

最后，他终于找出了原因：原来他的优质玉米接受的却是其他村民田中劣等玉米的花粉。

俗话说："独苗难成活，独木不成林。"没有形成一定的环境和气候，优质农作物的存活率也会大大降低。市场竞争同样如此，一味地封锁某种优良的“种子”，伪劣的仿造品会如同“劣等玉米的花粉”一样将优质的玉米“杂交”得不成样子。

身在职场，如果你掌握了一技之长，如果你摸索出了一套有效提升业绩的方式方法，如果你发现了某个节能减排的点子，那么，请不要犹豫，把它分享给你的团队。你不会因为分享了它而失去了竞争优势，正相反，你的伙伴、你的团队会欣赏、感激你的奉献，他们会把你的好建议、好方法的效果扩大很多倍，你的业绩、你的伙伴的业绩、你的团队的业绩都会明显提升。你收获的不仅是自己的工作成果，还有良好的人际关系，更有团队所赋予的荣誉感。

哲意人生 Philosophic life

分享是一种神奇的东西，它使快乐增大，它使悲伤减小；分享是一道简单的公式，只要你解开了，便得到了成功的喜悦。

Details

让灵魂追得上我们疲惫的身体

真正的生活就是在灵魂深处种下一个梦想，
然后通过身体的践行去实现它。

有一位探险家到南美的丛林中找寻古印加帝国文明的遗迹。他雇用了当地的土著居民作为向导及挑夫，一行人浩浩荡荡地向丛林的深处进发。

那群土著的脚力着实过人，尽管他们背负沉重的行李，仍然健步如飞。在整个队伍的行进过程中，总是探险家先喊着休息。探险家虽然体力跟不上，但也希望早一点到达目的地，尽快地研究古印加帝国文明的奥秘，了却毕生的心愿。

到了第四天，探险家一早醒来便立即催促着打点行李上路，不料那些土著却拒绝行动，这令探险家恼怒不已。经过一番了解，探险家才知道，这群土著自古以来便流传着一项神秘的习俗：他们在赶路时会竭尽全力拼命向前冲，但每走上三天，便需要休息一天。

探险家很好奇："为什么在他们的部族中会留下这么耐人寻味的休息方式？"

向导很庄严地回答道："那是为了让我们的灵魂能够追得上我们赶了三天路的疲惫身体。"

探险家听了，心中若有所悟："这是我这一次探险中最大的收获。"

心无旁骛，勇往直前，这是用心做事的美好境界。为了完成某个项目，我们可能拥有无比的冲劲，身体上会全力以赴，忙上三天三夜也很正常。但是，别丢下我们的灵魂，停下来休息一下，让它好追得上我们疲惫的身体。身心平衡，我们才更有精力冲刺下一个目标。

我们经常说，忙就忙得投入，玩就玩得疯狂，其实也是这个道理。在紧张的工作节奏中，为我们的身体适当地松一松琴弦，完全放松自我，让疲惫的身心获得完整的复原机会。掌握了工作及休息之间的脉动，我们便可以持续拥有无穷的动力。

职场瑜伽就是一种很好的放松和调节的方式。瑜伽的平衡来自于身、心、灵，来源于整个宇宙和自然，掌握了这些才能真正体会瑜伽的精髓。瑜伽的平衡是一种身体和心的连接，现在，你的身体在这里，你的心完全在这里吗？不一定。我们通过什么方法去达到这种连接呢？是不是我们只学瑜伽体位就可以了？我们更多的是通过学习瑜伽体位来进入瑜伽的更深层次。在家里练小燕子飞，你飞起来了，知道哪里在用劲，你很累。你特别累的时候，能走神吗？

那个时候，你的身心就合一了。如果你经常这样练习，就会发现自己变得特别专注。专注对每一个职场人士都非常好，有利于我们工作效率的提高。瑜伽学得越深，人的精神会越开阔，会领悟事物的本真，人活得比较开心。

哲意人生 Philosophic life

生命不是赛跑，因为你跟任何的一个人不同，不同时起跑，不同时到终点，不同时在一条赛道上，当你欣喜若狂的超越一个人，忽而就发现不远的前方还有比你跑得快的人。有时候更应该且歌且行，让灵魂跟得上我们疲惫的身体。

Details

激情保鲜

有些人，创业初期是很有激情的，
但激情来得快，去得也快。
所以，创业者的激情至少要保持3年，
最好保持一辈子……

美国前教育部部长、著名教育家威廉·贝内特讲述过他的一段有意思的经历——

一个明朗的下午，我走在大街上，忽然想起要买双短袜。于是，我走进了一家袜店，一个年纪不大的少年店员向我迎来。

“您要什么，先生？”

“我想买双短袜。”

“您是否知道您来到了世上最好的袜店？”他的眼里闪着光，话语里带着激情，并迅速地从一个个货架上取出一只只盒子，把里面的袜子逐一展现在我的面前，让我挑选。

“等等，小伙子，我只买一双！”

“这我知道，”他说，“不过，我想让您看看这些袜子有多美、多漂亮，真是好看极了！”他脸上洋溢着庄严和神圣的喜悦，像是在向我启示他所信奉的宗教。

我很诧异，对他说：“如果这热情不只是因为你感到新奇，或因为得到一个新的工作，如果你能天天如此，把这种激情保持下去，我保证不到十年，你就会成为全美国的短袜大王。”

为什么这位教育专家会如此肯定这个小伙子？因为热情是产生奇迹的源泉。

工作中之所以会产生疲惫感，有时就像婚姻从激情到乏味的原因一样，因为缺少了变化与新鲜感，产生了审美疲劳。很多夫妻在结合之前都有过轰轰烈烈的爱情，为什么多年以后却产生了不可调和的矛盾呢？其中一个重要原因就是彼此太熟悉，到了“左手摸右手”没有感觉的程度。怎样增进夫妻之间的感情呢？婚姻专家给出的“药方”是，给对方多一些惊喜，给婚姻保鲜。

我们的工作又何尝不是如此？多年重复同样的工作，对于很多人而言就是一种从激情到平淡的煎熬。当你觉得工作乏味、无聊时，有时不是工作本身出了问题，而是因为你的易燃点不够。

调整的方法其实有很多，比如把无聊工作当成竞争游戏，挑战一下自己的极限；把工作当作学习的机会，尝试一下新的材质与工艺；把工作当作戏剧，尝试一下不同的角色——之前如果我们只是剧务，能不能做导演、编剧、演员；给自己的工作注入新的价值观，从新的角度观察一下有什么不同。这些都是方法，当然最好的方法永远是下一个，但如果我们有了这个意识，方法就不是问题。

另外，可以抽空报名学习一种新语言、球类运动或是乐器，既给你不随意加班的正当理由，又可以认识新朋友，激活你的大脑与创意，提供更多与客户聊天的话题。你将发现同样的钱拿去缴学费，比买名牌衣服的投资报酬率高出许多。

哲意人生 Philosophic life

在没有满足不了的欲望的时候，很难保持激情。因为激情来自欲望。无论是希望得到金钱、权力还是名望，以及爱情与性。当所有的欲望都消失了的时候，如何还能有生活的激情和做事的冲动？要让生活不会变成味同嚼蜡，度日如年，就要保持追求美的激情，保持追求爱的激情，活一天，就活在激情中一天，这样才会更快乐。

Details

小骆驼的疑惑

你必须发现自己的天资，
你必须完全地使用天资。
运用天资工作，
肯定能让你享受自己的工作，
因为只有你才能完成这个工作。
运用天资可以让你更快乐，
因为你能够在工作中得到最大的满足感。

动物园里有一对骆驼母子。

小骆驼问妈妈："妈妈，为什么我们的睫毛那么长？"

骆驼妈妈说："当风沙来的时候，长长的睫毛可以让我们看得到方向。"

小骆驼又问："妈妈，为什么我们的背那么驼，丑死了！"

骆驼妈妈说："这个叫驼峰，可以储存大量的水和养分，让我们能在沙漠里耐受十几天无水无食的条件。"

小骆驼又问："妈妈，为什么我们的脚掌那么厚？"

骆驼妈妈说："那可以让我们重重的身子不至于陷在软软的沙子里，便于长途跋涉啊。"

小骆驼兴奋坏了："哇，原来它们这么有用啊！可是妈妈，为什么我们还在动物园里，不去沙漠远足呢？"

这是一个朋友最爱讲的故事，这个故事一直在提醒他：幸福快乐的生活不仅需要掌握一技之长，还要找到一个能够施展自己才华的舞台。

世界上没有蠢材，只有用错地方的人才。这是提醒管理者的一句话，但对于职场人士而言同样有警醒意义。有时候，我们已经很努力，为什么结果总是让我们失望，以致失去了继续做下去的信心与勇气？

有人曾经这样发牢骚说："太要命了，我在一个岗位上连续干了五年也没有得到提升，我是不是应该跳槽了？"这个因素相对来说还是比较复杂的。一个人和一个组织共同成长，这对组织和个人是双赢。但是，当所有的人员都很稳定时，比方说你的上级年龄和你差不多，他也不会退休，你就很尴尬。这时候企业本身是一个关键因素，因为当这个企业不再扩大的时候，已经不能够为这些有梦想的人开辟更大的舞台。

另外一方面要反观自身，比方说你已经工作了五年，没有得到提升，有两种可能。第一，你确实不值得提升，你的能力、你的水平，包括你的经验和你的投入程度，和那些后起之秀比起来没有优势；或者说和与你同处一个位置的人比起来，他的进步比你更快。这些都是由于自身的因素导致没有提升。第二，这个组织可能确实对你不公平，比方说你的确能力非凡，但是大家都看你不舒服，因为你太超凡脱俗了，就像一个美女站在一堆东施之中，所有的东施都会说你不美，这个时候可以考虑换一个平台。

哲意人生 Philosophic life

我们的生命就像是行星一样，放在什么样的位置，就能在什么样的位置发光，在我们生命的力量中，唯一可以成就的事，只不过是尽力的发挥个人的特质而已，承认生命中的完美与不完美，也就是选择那些最适合我们发展的职位、职业以及我们想要的生活方式。有时找到一个适合自己的位置，比去寻找如何才能成功更具有意义。

Details

三个沉默的金人

人之所以有一张嘴，
而有两只耳朵，
原因是听的要比说得多一倍。

古时候，有一个外国的使臣给中国的皇帝进贡了三个一模一样的金人。这三个金人形象逼真，工艺独特，皇帝非常喜欢，对前来进贡的使臣大加封赏。

这个使臣一时得意，给皇帝出了一道题目：这三个金人哪个最有价值？

皇帝想了许多的办法，请来珠宝匠检查，称重量，看做工，都分辨不出价值的高下。怎么办？皇帝心有不甘："我泱泱大国，不会连这点小事都不懂吧？"于是，他让诸位大臣也想办法。

最后，有一位在家休养的老臣想出了一个办法。皇帝把这位老臣和使者都请到大殿上，老臣胸有成竹地拿出三根稻草，他把第一根稻草插入第一个金人的耳朵里，这根稻草从另一只耳朵里出来了。他把第二根稻草插入第二个金人的耳朵里，稻草从嘴巴里直接掉出来。他把第三根稻草插入第三个金人的耳朵里，稻草没有出来，而是掉进了金人的肚子里，什么响动也没有。测试完，老臣不慌不忙地说：第三个金人最有价值！使者默默无语，老臣的答案完全正确。

最有价值的人，不一定是最能说的人。老天给我们两只耳朵一张嘴，本来就是让我们多听少说的。善于倾听，才是成熟的职场人最基本的素质。善于倾听不仅是美德，更是一种成长的策略。当我们面对客户或者同事滔滔不绝的时候，实际上就是在把自己的思想暴露给别人看，在谈判中往往是谁先开口谁输。而且，当我们表达的时候，就没有了充分思考的时间。

哲意人生 Philosophic life

一句话出口前，你是它的主人；出口之后，它是你的主人。钉子可以从木板中拔出，说出去的话却无法收回。多思、多想、多听、多看、慎言、慎行，做到了这些，你就能让自己少一点后悔。

Details

寻找你的“土拨鼠”

理想是罗盘，
给船舶导引方向；
理想是船舶，
载着你出海远行。
但理想有时候又是海天相吻的弧线，
可望而不可即，
折磨着你那进取的心。

小张大学毕业后在一家著名的广告公司工作了好几年。有一次，他和老板闲聊时，老板给他出了道题：“在森林里，三条猎狗追赶一只土拨鼠。情急之下，土拨鼠钻进了一个树洞。这个树洞只有一个出口，于是三只猎狗就死守在树下。过了一会儿，一只兔子钻出树洞，飞快地跑，跑着跑着就爬到一棵大树上。兔子很得意，在树上嘲笑下面的三只猎狗，结果它得意忘形，一不小心从树上掉了下来，砸晕了正仰头看它的三条猎狗，而兔子趁机逃掉了。小张，想一想，这个故事有什么问题吗？”

小张觉得很有趣，认真地想了一会，说：“第一，兔子不会爬树；第二，一只兔子不可能同时砸晕三条猎狗。”

老板点了点头，说：“分析得不错，可是，最重要的问题是——土拨鼠哪儿去了？”

小张恍然大悟，“是呀！怎么把它给忘记了？”

老板语重心长地说：“这只土拨鼠就好像是你最初为自己设定的人生目标。显然，这个目标被你忽视了，想必你已经忘记了。刚进公司的时候，你曾信心百倍地说过一句话——‘我要做一个出色的广告人’，正是这句话打动了我，我才让你到我的公司里来，你不会不记得了吧？”

小张这才明白了老板的用意。

老板又补充道：“我相信你是广告策划方面难得的人才。我只是想提醒你，人的精力是有限的，要想做到面面俱到不太现实。好好做你的广告策划，你会前途无量的。至于写小说，搞设计，最好只当成业余爱好。记住，人生的目标不能太多，人这一辈子若能把一件事做得出色，就已经是很大的成功了。”

此后，小张便时常用这话来“敲打”自己，两年后，他被提升为广告策划总监，成了公司的一名主力干将。

当我们为了薪酬、奖金、福利烦恼的时候，是不是已经把自己进入职场时的最初理想与目标忘记了？如同我们忘记了那只土拨鼠一样？

一般情况下，人们对生活的迷失都是所要或所想的太多，而又一时达不到目标造成的。不能将精力专注于一项事业，做着这件事，又想着那件事，最后什么也做不好，还错过了许多近在咫尺的成功机会。这样的人永远也快乐不起来，因为他们亲手断送了自己的理想。

哲意人生 Philosophic life

每个人都拥有自己的初心，它是出生时的第一声啼哭，是恋爱时的第一次萌动，是梦想时的第一次出发。在这个时代，初心常常被我们遗忘，正如纪伯伦所说："我们已经走得太远，以至于忘记了为什么出发。"人生只有一次，生命无法重来，要记得自己的初心，经常回头望一下自己的来路，回忆起当初为什么启程；经常让自己回到起点，给自己鼓足从头开始的勇气；经常纯净自己的内心，给自己一双澄澈的眼睛。

Details

袜子思维与鸽子模式

最好不要重复别人的道路，
与其在后面跟随，
不如自己另辟新路。

抽屉中杂乱地放着10只红色袜子和10只蓝色袜子，它们除了颜色不同外，其他都一样。要你从中取出两只颜色相同的袜子，请问最少要从抽屉中取出几只袜子，才能保证有两只配成颜色相同的一双？

许多人会想："假设取出的第一只是红袜子，我需要取出另一只红袜子来和它配对，但取出的第二只可能是蓝袜子，直到取出抽屉中全部10只蓝袜子。于是，再下一只肯定是红袜子了，因此答案是12只袜子。"

但是，题目中并没有限定是红袜子，它只要求取出两只颜色相同的袜子。因此，只需取出头两只袜子中的某一只配对即可，那么正确的答案就是3只袜子。

职场上除了需要职业化、规范化，还需要不断创新。产品的更新换代，渠道的开拓，宣传方式的突破，等等，都需要我们培养创新思维，不为固有思维所左右。

有一个年轻人，最大的嗜好就是养鸽子。为了让鸽子吃好，他宁可自己省吃俭用。但随着鸽群的壮大，他的开销越来越大，经济状况也越来越拮据，于是他不得不再做一份自己不喜欢的工作。

正在他为此一筹莫展的时候，在离家不远的街心公园里的几只小鸟触动了他的灵感。那几只小鸟不过是习惯了人来人往的都市，能够灵巧地接住过往行人丢来的食物。它们也渐渐吸引了周围的居民，闲来无事，人们都愿意到那里去坐坐，喂喂鸟。于是，年轻人想到了自己的鸽子。

他选了一个假日，带着他的鸽子来到街心公园。果然，鸽子吸引了很多游人，他们纷纷将一些食物抛给鸽子，又逗又玩，这样，年轻人省下了一天喂鸽子的开销。

受此启发，他辞掉了工作，专门在公园内放鸽子，同时出售喂鸽子的饲料。这样一来，不仅鸽子比原来吃得更好了，他的收入比原来有了明显的增加，公园也因此出现了一道新景观，吸引了更多的人。

用游客的钱养活自己的鸽子，同时还能挣游客的钱养活自己，这便是创造性思维带给这个年轻人的实惠。在职场中我们经常会遇到问题，不过我们要看到，问题其实是机会的另外一种形式，而把问题转化为机会一定要有创造性思维。

苹果公司是不是一个唱片公司？不是，它没有内容，但是现在它跟五大唱片公司达成协议，通过它的音乐商店下载音乐，然后双方分成，这是不是一个很大的创新？据说，它的几百个律师跟五大唱片公司谈判了两年，签下了在苹果网站下载音乐的业务，拥有了庞大的网络资源。这就是业务模式的创新。

哲意人生 Philosophic life

创新有时需要离开常走的大道，潜入森林，你就肯定会发现前所未见的东西。对于创新来说，方法就是新的世界，最重要的不是知识，而是思路。创新是一个民族进步的灵魂，是国家兴旺发达的不竭动力。

异想天开给生活增加了一份不平凡的色彩，
这是每一个青年和多愁善感的人所必需的。

世间所有的美好，都会如约而至

文图编辑：李国斌
美术编辑：何冬宁
封面设计：罗　雷
版式设计：何冬宁
插图绘制：硬童话